多摄像机协同目标跟踪技术

连国云 ◎ 著

中华工商联合出版社

图书在版编目（CIP）数据

多摄像机协同目标跟踪技术 / 连国云著. -- 北京 ：中华工商联合出版社，2022.1

ISBN 978-7-5158-3306-4

Ⅰ.①多… Ⅱ.①连… Ⅲ.①视频系统-监控系统-目标跟踪-研究 Ⅳ.①TN948.65

中国版本图书馆 CIP 数据核字（2022）第 016895 号

多摄像机协同目标跟踪技术

作　　者：连国云
出 品 人：李　梁
责任编辑：于建廷　臧赞杰
封面设计：童越图文
责任审读：傅德华
责任印制：迈致红
出版发行：中华工商联合出版社有限责任公司
印　　刷：北京虎彩文化传播有限公司
版　　次：2022 年 7 月第 1 版
印　　次：2022 年 7 月第 1 次印刷
开　　本：710 mm×1000 mm　1/16
字　　数：240 千字
印　　张：13
书　　号：ISBN 978-7-5158-3306-4
定　　价：78.00 元

服务热线：010-58301130-0（前台）
销售热线：010-58301132（发行部）
010-58302977（网络部）
010-58302837（馆配部、新媒体部）
010-58302813（团购部）
地址邮编：北京市西城区西环广场 A 座
19-20 层，100044
http：//www. chgslcbs. cn
投稿热线：010-58302907（总编室）
投稿邮箱：1621239583@qq. com

多摄像机协同的目标跟踪是近年来计算机视觉领域中备受关注的前沿方向，具有非常广泛的应用前景。它是实现广域视频监控、智能导航等一系列重要技术和应用的核心。对于许多视频监控系统而言，行人运动目标一般是监控系统的主要对象，而且，由于行人目标所具有的形变性特征，所以相对于其他类型的目标而言，行人运动目标的跟踪更具有挑战性。对于广域多摄像机视频监控网络，要实现行人运动目标在摄像机网络中的持续跟踪就必须解决跨视域多摄像机间的行人重识别问题。

运动图像中的行人运动目标检测、跟踪以及跨视域多摄像机间的行人目标重识别是实现广域视频持续监控跟踪的基础。检测视频序列中的行人运动目标，提取运动目标的关键鲁棒性局部特征或全局特征，能够更清晰地认识行人运动目标的动态特征。通过一定的估计和预测，计算行人运动目标在每帧图像序列中的位置、大小、速度、形状及姿态等相关信息，是在行人检测的基础上对行人运动目标的运动状态研究的进一步深化，同时单摄像机内的行人运动目标检测和跟踪又是多摄像机监控网络下跨视域行人目标重识别以实现行人目标持续跟踪的前提。在跨视域多摄像机监控网络中，由于各个摄像机之间监控区域的环境条件各不相同且不同摄像机具有不同的内外部参数，尤其是非重叠视域，目标在各个摄像机中的信息之间在时间和空间上都是不连续的，所以多摄像机协同的目标跟踪仍有许多挑战性问题有待解决。

本书共分 9 章，第 1 章是绪论，第 2 章是基于四元数方向梯度直方图的行人检测研究，第 3 章是基于四元数梯度 Weber 局部描述子的行人检测研究，第 4 章是基于显著性区域的快速行人检测研究，第 5 章是基于改进混合高斯模型的运动目标检测，第 6 章是基于自适应尺度核相关滤波的目标跟踪，第 7 章是重叠视域多摄像机协同的目标跟踪研究，第 8 章是基于 CI_ DLBP 特征的非重叠视域多摄像机目标跟踪，第 9 章是基于贝叶斯模型的非重叠视域多摄像机目标跟踪。

本书由连国云独自写作完成。本书得到广东省自然科学基金项目（2019A1515011267）“基于回归反馈与深度强化学习的复杂环境下多目标跟踪方法研究”及深圳市自然科学基金（JCYJ20190809113617119）“大场景无重叠视域多摄像机多目标接力与持续跟踪方法研究”的资助。因作者水平有限，书中错误在所难免，请读者多批评指正。

目 录

绪论

1.1 研究背景及意义

公共安全问题已是当今社会面临的一个重大问题，也是世界各国面临的一个难题。在公共安全领域，视频监控系统已成为维护社会治安，加强社会管理的一个重要组成部分。当前我国正在全力建设国家“智能城市”、“平安城市”，视频监控领域的技术进步和应用具有重要的社会意义和巨大的产业需求。监控视频的内容分析对于公共安全、城市管理具有显著的意义。最近几年全国监控摄像机的数目快速增长，然而这庞大数量的摄像机并没有充分发挥其实时主动的监控作用，更多的是依靠安保人员，但面对庞大的摄像机监控网络，仅靠安保人员是难以胜任的。因此，如何高效地利用这些摄像机网络实现对大场景复杂环境下持续、智能的监控，是目前急需解决的问题。解决这个问题的前提就是要实现监控环境下多摄像机网络中单个摄像机内多目标持续智能跟踪以及摄像机间跨时空多目标接力跟踪。

多摄像机协同的目标跟踪是近年来计算机视觉领域中备受关注的前沿

方向，它是利用计算机视觉技术对多个摄像机采集到的视频数据进行分析、理解，从而实现大场景监控环境下多摄像机网络中的目标持续跟踪，它是多摄像机协同应用中最重要和最基础的问题之一，属于图像分析和理解的范畴。从技术角度而言，多摄像机协同作用下目标跟踪的研究内容相当丰富，主要涉及图像处理、模式识别、计算机视觉、人工智能、生理学等学科知识；同时，监控场景中运动目标的快速检测、目标分割、目标物体之间的相互遮挡、摄像机之间的光照条件的不同、天气的变化、摄像机之间的内外部参数的不同及运动目标的形变性运动等也为多摄像机协同作用下目标跟踪的研究带来了一定的挑战。

受单摄像机视域范围的限制以及运动目标在被跟踪过程中因遮挡而易发生丢失的情况，特别是随着视频监控系统所需要的硬件设备（如摄像机、云台等）成本的日益降低，当前在一些大的比较复杂的公共场合，更多的是使用多摄像机以扩大监控范围从而实现目标在摄像机监控网络中的连续跟踪。因而，多个摄像机检测到的同一运动目标在不同摄像机上获得的目标图像之间的关联，即建立不同摄像机之间同一运动目标的对应关系就成为视频监控研究中的一个极具挑战性的研究方向。由于多摄像机协同的目标跟踪对广域视频监控等方面具有广泛的应用前景和潜在的经济价值，从而激发了世界上广大科研工作者的浓厚兴趣。目前国际上许多研究机构包括大学、研究所和公司都进行了这个方向的研究。例如，1997 年美国国防高级研究项目署（Defense Advanced Research Projects Agency，DARPA）设立了视觉监控重大项目 VSAM（Visual Surveillance and Monitoring）[1]，主要研究用于监控战场及普通民用场景的自动视频理解技术，他们利用多个相互协同的视频传感器在复杂场景中持续地跟踪行人和车辆；英国的雷丁大学（University of Reading）[2]开展了对车辆和行人的多感知的视觉跟踪及其交互作用识别的相关研究。基于多摄像机协同的目标关联与识别研究已经成为计算机视觉领域中的一个研究热点，具有非常广泛的应用前景。它的主要应用集中于以下两个方面：

（1）广域自动监控

多摄像机协同的目标跟踪的一个最主要的应用就是使用多摄像机以扩

大监控范围从而实现运动目标在摄像机监控网络中的连续监控与跟踪。利用多摄像机的协同作用进行目标的跟踪与监控，近年来有大量的研究成果出现[3-6]。受单个摄像机视域范围的限制，为了适应广域监控的需要，大量的摄像机被广泛安装在整个监控区域中，但目前这些摄像机并没有充分发挥其实时、主动的监控作用，因为通常是将这些摄像机的记录结果单独输出，当异常情况发生时，安保人员需要从大量的不同摄像机的记录结果中去寻找线索，工作量相当大。而我们需要的广域监控系统应是对不同摄像机之间的数据能够进行关联，无须人工对各个摄像机之间的目标进行关联与识别。

（2）三维目标重构

由于运动目标姿态的变化而导致跟踪过程中目标的丢失是目前视觉跟踪问题中的一个难点，而三维重构技术在克服这一难点方面提供了一个潜在的解决办法。通过一组图像序列将其中的2D运动目标重构成3D运动目标，是解决三维重构的一种方法，然而它很难达到实时性要求，并且重构后的三维原像由于缺少深度信息，准确性也不是很高。有关三维重构的文献可以参见文献［7-10］。但在摄像机标定的情况下，融合多个摄像机观察到的单个目标图像，并重建这个目标的三维原像是一个相对简单的过程，然而每个视点中观察到的目标可能有许多个，因此必须设计一些正确的目标关联方法以避免错误的三维原像重构。另外，受光线、图像噪声、遮挡等的影响，单个摄像机跟踪得到的二维目标信息可能是不连续、不可靠的，因此需要使用多摄像机来进行协同跟踪，再通过目标的关联，估计出三维目标在场景中的真实位置，然后通过重构后的三维目标实现人的准确跟踪[11]。

在大场景视频监控中，让更多摄像机组成一个监控网络，发挥其更大的协同作用已成为可能。虽然目前在无重叠视域多摄像机系统的目标跟踪研究中取得了一定的进展，但仍然存在极大的挑战，主要体现在：（1）在无重叠视域多摄像机监控系统中，由于摄像机之间存在监控盲区，目标在不同摄像机中的出现在时空上是不连续的，运动目标穿越盲区时不可预计，因此实际应用中需要考虑各种复杂情况，而目前还缺乏行之有效的摄像机间跨时空多目标交接算法。(2) 视频监控场景复杂多变。无论室内监控还是室外监控，既存在光照变化、阴影等外部环境的影响，也存在摄像机自身姿态以及拍摄角度等影响，这会导致同一个运动目标在不同摄像机中的成像存在极大差异，这些无疑给运动目标检测和跟踪增加了难度。(3) 目标在摄像机间的表观、尺度变化等，导致找到一种适用于所有摄像机的鲁棒性特征非常困难，这严重影响着跨时空目标再识别的准确率。因此，从以上各种技术难点来看，目前针对无重叠视域多摄像机系统的摄像机间跨时空多目标接力跟踪研究还存在诸多难题需要攻克，距离实际中的广泛应用更是任重而道远。

1.2 行人目标检测

行人检测是计算机视觉领域中的研究热点之一，具有广阔的应用前景。目前国内外有很多的研究成果，如本田公司研发的基于红外摄像机的行人检测系统[12]；CMU[13]、MIT[14]等国外的大学在这方面取得了很大的进步，清华大学[4]等也进行了相关方面的研究。

行人检测技术实际上为图像处理技术的分支，其核心思想就是利用计算机视觉技术和数字图像处理技术，去分析监控设备获取的信息，分析处理行人目标的行为。行人检测的成功开发具有很大的应用前景，可以在各个领域得到发展。由于检测的行人外形不同，加上周围复杂混乱的环境，给行人检测系统的运行带来了很大的挑战。早期的行人检测以静态图像处理中的分割、边缘提取、运动检测等方法为主。例如：以 Gavrila 为代表的全局模板方法[16]；以 Broggi 为代表的局部模板方法[17]；以 Lipton 为代表的光流检测方法[18]；以 Heisele 为代表的运动检测方法[19]；以 Wohler 为代表的神经网络方法[20]。但这些方法的检测速度很慢，而且普遍存在着误报、漏检率高的缺点。

行人检测大体可以分为两类：(1) 基于背景建模的方法：分割出前

景，提取运动目标，再进一步提取特征，分类判别。然而这个方法构建了很复杂的模型，因此系统很容易受到干扰。(2) 基于统计学习的方法：根据大量训练样本来构建行人检测分类器，提取样本的特征，一般分类器包括 SVM[21]、AdaBoost[22]。目前，基于学习的行人检测方法得到了很大的发展，如基于 AdaBoost、基于 SVM、基于 HOG 等的行人检测方法。首先，这些方法都是学习正样本和负样本的变化，再根据大量的训练样本对不同的特征进行分类，因此，基于统计学习的方法有广泛的适用性。这种方法的关键在于找到能够代表框内行人的特征信号参数，然后利用机器学习算法将这种参数进行分类，这样就可以区分行人和非行人，达到识别的目的。从这个过程中，我们可以知道基于特征的算法分为分类器的学习和特征的提取，所以一个好的特征提取算法变得很重要。比如 HOG 特征、wavelet 特征、shapelet 特征，LBP 等。该类方法的实现算法比较简单，架构容易，当使用不同特征方法时，也不用更改原来的架构，且易于实现。然而能够使用分类效果好的特征，就可以很好地从被检测目标很好地检测出行人目标。前面我们提到行人都有各自的特点，所以目前很难找到一个完美的算法来描述行人的特征。尤其是在行人行走过程中，行人的姿势不断变化，监控设备的视角也在变化，同时行人也会被其他物体遮掩。现在的所有特征参数不能取得很好的效果。目前，被研究人员认为最稳定的特征是行人的轮廓，因此很多研究人员都将重点放在了提取行人的轮廓信息。

虽然目前行人检测技术在算法上取得了很大的突破，在室内等背景比较固定的场景下已取得了比较不错的效果，但在复杂场景下，例如车站、广场、大型商场等环境中，行人处在移动、静止、姿态变化和不同程度的相互遮挡等状态中，这些都给行人检测与跟踪带来了困难。在复杂场景下行人检测技术仍然面临着挑战，主要体现在以下几个方面：

(1) 行人的多姿势变化问题。行人目标严重的非刚性，同时行人可能呈现多种不同的姿态，或行走或静止，或站立或蹲下。而且不同行人之间的衣着外貌也有差异，即行人的外表也不同。当前的行人检测方法还不能完全适应这些变化。因此，如何设计一个与外表无关，能适应姿势变化的行人识别方法是行人检测需要解决的一道难题。

（2）检测场景的复杂性的问题，而且行人与背景混合，难以分离。在有行人存在的交通环境中，人与人或人与环境之间相互影响、遮挡，以及现实场景下光照度的变化、时变性和大量存在的类似行人部分轮廓的物体等因素的干扰，使得我们精确检测、识别与跟踪行人变得相当困难。

（3）行人检测与跟踪系统实时性的问题。在实际的应用中，往往对检测跟踪系统的反应速度有一定的要求。然而实际的检测跟踪系统往往需要处理较大的数据量，而且为了满足系统的鲁棒性要求，算法的搭建往往较为复杂，这些都成了进一步提高系统实时性的阻力。

（4）遮挡问题。现实世界中，行人与行人之间及行人与检测环境中存在的物体之间存在着大量的遮挡。利用当前已有的图像处理等方法能在一定程度上处理局部的遮挡问题，但效果不是很理想，还不能处理较严重的遮挡问题。

然而，在实际应用中，除了面临上述难题之外，还需要考虑到摄像机的运动；同时由于处在开放的环境，不同的路况、天气的变化也对行人检测算法提出了更高的要求。检测跟踪系统性能评估标准问题，一般来说，准确性、鲁棒性、快速性是其的三个基本要求。但目前还没有个统一的标准对所有检测跟踪系统进行评估。因此，目前的人体检测系统只在某些特定环境中被证明有效，从而激励了该领域研究人员对此技术的不断创新与改进。

1.3　单摄像机行人目标跟踪

运动目标跟踪是在目标检测的基础上，对检测到的目标进行有效跟踪。目前，在视频监控、人机交互及某些高级的视频系统中，对感兴趣目标的跟踪是其中必不可少的重要环节，它为后面更高级的视觉应用提供有价值的信息。

通常影响跟踪的因素主要有四个：目标模板表示，候选目标表示，相似性度量和搜索策略。衡量跟踪算法优劣的条件有两个，即实时性和鲁棒性，所以一个好的跟踪算法应满足：

（1）实时性好：算法要费时少，至少要比视频采集系统的采集速率快，否则将无法实现对目标的正常跟踪。如果跟踪系统还涉及其他的图像处理环节，那么就要预留较多的时间给图像处理部分，所以实时性至关重要。

（2）鲁棒性强：实际的观测环境中，图像的背景可能很复杂。光照、图像噪音及随时可能出现的目标遮挡，均使目标的跟踪变得非常困难。因此算法的鲁棒性对跟踪效果的好坏起着重要的作用。

以上提到的两条很难在系统中同时得以满足，往往需要某种折中，以期得到较好的综合性能。通常运动目标的跟踪可以分为运动目标检测、运动目标的特征选取和目标的后续跟踪三个阶段。由此可见跟踪算法比单纯的目标检测算法复杂得多。

根据被跟踪目标信息使用情况的不同，可将视觉跟踪算法分为：基于对比度分析的目标跟踪、基于匹配的目标跟踪和基于运动检测的目标跟踪。基于对比度分析的跟踪算法主要利用目标和背景的对比度差异，实现目标的检测和跟踪。基于匹配的跟踪主要通过前后帧之间的特征匹配实现目标的定位。基于运动检测的跟踪主要根据目标运动和背景运动之间的差异实现目标的检测和跟踪。前两类方法都是对单帧图像进行处理。基于匹配的跟踪方法需要在帧与帧之间传递目标信息。对比度跟踪不需要在帧与帧之间传递目标信息。基于运动检测的跟踪需要对多帧图像进行处理。除此之外，还有一些算法不易归类到以上 3 类，如多目标跟踪算法或其他一些综合算法。

1. 基于对比度分析的目标跟踪算法

基于对比度分析的目标跟踪算法利用目标与背景在对比度上的差异来提取、识别和跟踪目标。这类算法按照跟踪参考点的不同可以分为边缘跟踪、形心跟踪和质心跟踪等。这类算法不适合复杂背景中的目标跟踪，但在空中背景下的目标跟踪中非常有效。边缘跟踪的优点是脱靶量计算简单、响应快，在某些场合（如要求跟踪目标的左上角或右下角等）有其独到之处，缺点是跟踪点易受干扰，跟踪随机误差大。质心跟踪算法计算简便，精度较高，但容易受到目标的剧烈运动或目标被遮挡的影响。质心的计算不需要清楚的轮廓．在均匀背景下可以对整个跟踪窗口进行计算，不影响测量精度。质心跟踪特别适合背景均匀、对比度小的弱小目标跟踪等一些特殊场合。图像二值化后，按重心公式计算出的是目标图像的形心。一般来说形心与重心略有差别。

2. 基于匹配的目标跟踪算法

(1) 特征匹配：特征是目标可区别与其他事物的属性，具有可区分性、可靠性、独立性和稀疏性。基于匹配的目标跟踪算法需要提取目标的特征，并在每一帧中寻找该特征。寻找的过程就是特征匹配过程。

特征提取是一种变换或者编码，将数据从高维的原始特征空间通过映射，变换到低维空间的表示。根据 Marr 的特征分析理论，有 4 种典型的特征计算理论：神经还原论、结构分解理论、特征空间论和特征空间的近似。神经还原论直接源于神经学和解剖学的特征计算理论，它与生物视觉的特征提取过程最接近，其主要技术是 Gabor 滤波器、小波滤波器等。结构分解理论是到目前为止唯一能够为新样本进行增量学习提供原则的计算理论，目前从事该理论研究的有麻省理工学院实验组的视觉机器项目组等。特征空间论主要采用主分量分析（PCA）、独立分量分析（ICA）、稀疏分量分析（SCA）和非负矩阵分解（NMF）等技术抽取目标的子空间特征。特征空间的近似属于非线性方法，适合于解决高维空间上复杂的分类问题，主要采用流形、李代数、微分几何等技术。

目标跟踪中用到的特征主要有几何形状、子空间特征、外形轮廓和特征点等。其中，特征点是匹配算法中常用的特征。特征点的提取算法很多，如 Kanade LucasTomasi（KLT）算法、Harris 算法、SIFT 算法以及 SURF 算法等。特征点一般是稀疏的，携带的信息较少，可以通过集成前几帧的信息进行补偿。目标在运动过程中，其特征（如姿态、几何形状、灰度或颜色分布等）也随之变化。目标特征的变化具有随机性，这种随机变化可以采用统计数学的方法来描述。直方图是图像处理中天然的统计量，因此彩色和边缘方向直方图在跟踪算法中被广泛采用。

（2）贝叶斯跟踪：目标的运动往往是随机的。这样的运动过程可以采用随机过程来描述。很多跟踪算法往往建立在随机过程的基础之上，如随机游走过程、马尔科夫过程、自回归（AR）过程等。随机过程的处理在信号分析领域较成熟，其理论和技术（如贝叶斯滤波）可以借鉴到目标跟踪中。

贝叶斯滤波中，最有名的是 Kalman 滤波（KF）。KF 可以比较准确地预测平稳运动目标在下一时刻的位置，在弹道目标跟踪中具有非常成功的应用。一般而言，KF 可以用作跟踪方法的框架，用于估计目标的位置，减少特征匹配中的区域搜索范围，提高跟踪算法的运行速度。KF 只能处理线性高斯模型，KF 算法的两种变形 EKF 和 UKF 可以处理非线性高斯模型。两种变形扩展了 KF 的应用范围，但是不能处理非高斯非线性模型，这个时候就需要用粒子滤波（PF）。由于运动变化，目标的形变、非刚体、缩放等问题，定义一个可靠的分布函数是非常困难的，所以在 PF 中存在例子退化问题，于是引进了重采样技术。事实上，贝叶斯框架下视觉跟踪的很多工作都是在 PF 框架下寻找更为有效的采样方法和建议概率分布。这些工作得到了许多不同的算法，如马尔可夫链蒙特卡洛（MCMC）方法、Unscented 粒子滤波器（UPF）、Rao—Blackwellised 粒子滤波器（RBPF）等，文献［23］引入了一种新的自适应采样方法——序贯粒子生成方法。在该方法中粒子通过重要性建议概率密度分布的动态调整顺序产生。文献［24］根据率失真理论推导了确定粒子分配最优数目的方法，该方法可以最小化视觉跟踪中粒子滤波的整体失真。文献［25］计算最优重要性采样密度分布和一些重要密度分布之间的 KL 距离，分析了这些重要密度分布的性能。文献［26］在粒子滤波框架下，采用概率分类器对目标观测量进行分类，确定观测量的可靠性，通过加强相关观测量和抑制不相关观测量的方法提高跟踪性能。

除了 KF 和 PF 之外，隐马尔科夫模型（HMMs）和动态贝叶斯模型（DBNs）也是贝叶斯框架下重要的视觉跟踪方法。HMMs 和 DBNs 将运动目标的内部状态和观测量用状态变量（向量）表示，DBNs 使用状态随机变量（向量）集，并在它们之间建立概率关联。HMMs 将系统建模为马尔科夫过程。这些算法的主要区别如表 1 所示。

表 1　贝叶斯跟踪算法

算法	描述能力	状态表示方法	拓扑结构
KF	线性、高斯	一个随机变量（向量）	固定
PF	非线性、任意分布	一个随机变量（向量）	固定
HMMs	非线性、任意分布	一个随机变量（向量）	固定
DBNs	非线性、任意分布	随机变量（向量）集	可变

表 1 中每个简单的算法都可以看成是下一行复杂算法的特例。反之，每个复杂算法都可以看成是简单算法的扩展。其中，DBNs 具有最佳的灵活性，可以处理不同的运动模型和不同的状态变量组合。

DBNs 又可以看作概率图模型（PGMs）的一个例子。PGMs 的基本思想是用图形的方式将多变量概率分布分解，统计变量用图的节点表示，变量间的条件关系用图的连接或边表示。PGMs 可以分为有向图（DAGs）和无向图（Ugs）。前者能够处理时间模式，适合目标跟踪和场景理解等任务。后者能很好地描述图像像素之间的空间依赖性，适合图像分割和图像分析等任务。

通过组合图理论和概率理论，PGMs 可以用来处理问题描述中的不确定性。不确定性恰好符合人类视觉系统中天然的概率性和视觉模糊性（如遮挡从 3D 到 2D 投影的信息损失）。通过规定概率模型元素之间的关系，PGMs 可以有效地表示、学习和计算复杂的概率模型。PGMs 能够有效地组合目标的动态信息和外观信息，有效解决目标的运动估计问题，为目标跟踪提供了很好的理论框架。表 1 中算法都可以看成是 PGMs 的特殊形式。

（3）核方法：核方法的基本思想是对相似度概率密度函数或者后验概率密度函数采用直接的连续估计。这样处理一方面可以简化采样，另一方面可以采用估计的函数梯度有效定位采样粒子。采用连续概率密度函数可以减少高维状态空间引起的计算量问题，还可以保证粒子接近分布模式，避免粒子退化问题。核方法一般都采用彩色直方图作为匹配特征。

Mean ShiftI 是核方法中最有代表性的算法，其含义正如其名，是“偏移的均值向量”。直观上看，如果样本点从一个概率密度函数中采样得到，由于非零的概率密度梯度指向概率密度增加最大的方向，从平均上来说，采样区域内的样本点更多地落在沿着概率密度梯度增加的方向。因此，对应的 Mean Shift 向量应该指向概率密度梯度的负方向。

Mean Shift 跟踪算法反复不断地把数据点朝向 Mean Shift 矢量方向进行移动，最终收敛到某个概率密度函数的极值点。在 Mean Shift 跟踪算法中。相似度函数用于刻画目标模板和候选区域所对应的两个核函数直方图的相似性，采用的是 Bhattacharyya 系数。因此，这种方法将跟踪问题转化为 Mean Shift 模式匹配问题。核函数是 Mean Shift 算法的核心，可以通过尺度空间差的局部最大化来选择核尺度，若采用高斯差分计算尺度空间差，则得到高斯差分 Mean Shift 算法。

Mean Shift 算法假设特征直方图足够确定目标的位置，并且足够稳健，对其他运动不敏感。该方法可以避免目标形状、外观或运动的复杂建模，建立相似度的统计测量和连续优化之间的联系。但是，Mean Shift 算法不能用于旋转和尺度运动的估计。为克服以上问题，人们提出了许多改进算法，如多核跟踪算法、多核协作跟踪算法和有效的最优核平移算法等。文献[27]则针对可以获得目标多视角信息的情况，提出了一种从目标不同视角获得多个参考直方图，增强 Mean Shift 跟踪性能的算法。

3. 基于运动检测的目标跟踪算法

基于运动检测的目标跟踪算法通过检测序列图像中目标和背景的不同运动来发现目标存在的区域，实现跟踪。这类算法不需要帧之间的模式匹配，不需要在帧间传递目标的运动参数，只需要突出目标和非目标在时域或者空域的区别即可。这类算法具有检测多个目标的能力，可用于多目标检测和跟踪。这类运动目标检测方法主要有帧间图像差分法、背景估计法、能量积累法、运动场估计法等。

光流算法是基于运动检测的目标跟踪的代表性算法。光流是空间运动物体在成像面上的像素运动的瞬时速度，光流矢量是图像平面坐标点上的灰度瞬时变化率。光流的计算利用图像序列中的像素灰度分布的时域变化和相关性来确定各自像素位置的运动，研究图像灰度在时间上的变化与景象中物体结构及其运动的关系，将二维速度场与灰度相联系，引入光流约束方程，得到光流计算的基本算法。根据计算方法的不同，可以将光流算法分为基于梯度的方法、基于匹配的方法、基于能量的方法、基于相位的方法和基于神经动力学的方法。文献[28]提出了一种基于摄像机光流反向相关的无标记跟踪算法，该算法利用反向摄像机消除光流中的相同成分，得到有效的跟踪效果。文献[29]将光流算法的亮度约束转化为上下文约束，把上下文信息集成到目标跟踪的运动估计里，仿照光流算法，提出了上下文流算法。文献[30]引入了几何流的概念，用于同时描述目标在空间上和时间上的运动，并基于李代数推导了它的矢量空间表示。几何流在几何约束条件下，将复杂运动建模为多个流的组合，形成一个随机流模型。该算法在运动估计中集成了点对和帧差信息。文献[31]介绍了使用互相关的对光照稳健的可变光流算法。文献[32]提出了基于三角化高阶相似度函数的光流算法——三角流算法。该算法采用高阶条件随机场进行光流建模，使之包含标准的光流约束条件和仿射运动先验信息，对运动估计参数和匹配准则进行联合推理。局部仿射形变的相似度能量函数可以直接计算，形成高阶相似度函数，用三角形网格求解，形成三角流算法。

4. 其他跟踪方法

视觉跟踪从不同的角度和应用场合出发，会遇到很多不同的问题，比如多模跟踪、多特征跟踪、上下文跟踪、多目标跟踪、多摄像机跟踪、3D跟踪和特定应用的跟踪等。

在目标跟踪过程中，由于背景的持续性变化和运动目标本身的不规则形变，目标跟踪仍然有较多的问题需要解决。就行人跟踪技术来说，目前还没有一个能适用于具有复杂性应用环境的算法。当前国内外学者对行人跟踪研究的主要思路是针对不同的应用环境提出不同的合理性假设，使问题得到简单化，例如检测目标运动速度均匀、运动方向固定、背景固定不变等，从而使行人检测的准确率大大提高。但是，这种场景只是假设出来的，与现实应用场景有较大的差距。若使跟踪算法不受场景的限制还需进一步改进，实现以下几种情况是行人跟踪技术中的关键。

（1）目标出现遮挡和碰撞时的准确跟踪；

（2）目标姿态变化和服饰颜色与背景颜色相近时的准确跟踪；

（3）在所处场景光照强烈变化时，目标准确跟踪；

（4）跟踪算法运算效率得到提升，满足实时性的要求

（5）消除存在的风吹草动、树枝摇动、飞禽的进入以及摄像机的抖动等问题；

（6）对于错误的目标，我们须在跟踪之前将它们去除。

目前，目标跟踪领域的研究非常活跃，研究的热点主要体现在以下几个方面：

（1）无参数跟踪系统。即无论是目标及背景建模、模型更新，还是跟踪算法的定位输出，均不依靠或者少依靠输入参数。现在许多基于无参的跟踪系统都是在特定环境中具有良好的性能，因此对此类系统的环境自适应性进行研究具有很大的现实意义。

（2）有效组合各种数据的跟踪系统。组合各种图像数据，如基于颜色分割的图像数据，基于帧间变化的运动数据，基于减背景的轮廓数据等，可有效提高跟踪系统的健壮性。文献[30，33，34]将目标的图像信息和目标的运动信息相结合，能有效跟踪低速条件下运动状态多变的目标。

（3）基于机器学习理论和统计理论的跟踪系统。跟踪涉及很多学科，如模式识别，神经网络等，机器学习理论和统计理论在这些学科中均具有广泛的应用空间，由此通过这些理论对目标跟踪进行研究也成为一个热点。

（4）基于三维特征的跟踪系统。三维特征（“深度数据”或者“体素表示”）不像图像特征那样容易受环境影响，因此基于该特征的研究正成为一个热点。目前，许多基于三维特征的跟踪倾向于从多摄像机图像数据获取三维数据，如体素表示、Visual Hull 等，然后基于三维数据对目标进行跟踪。

1.4 多摄像机协同行人目标跟踪

多摄像机之间运动目标持续跟踪问题的研究主要是找出在不同摄像机中相同目标之间的匹配对应关系，它通常分为两类，一类是具有重叠视域的多摄像机之间的目标匹配，多摄像机的重叠视域是指从不同的摄像机中能观察到相同的部分场景；另一类是具有非重叠视域摄像机之间的目标匹配，非重叠视域是指从任何两个摄像机中都不能观察到相同部分的场景。下面分别对这两类目标跟踪方法回顾国内外的发展现状。

2.2.1 重叠视域多摄像机之间的目标跟踪

具有重叠视域的多摄像机之间的目标跟踪是在重叠的视域内将不同摄像机捕捉到的同一目标进行关联，并在不同的摄像机内对同一目标分配唯一的身份标记，从而实现运动目标在更广阔监控范围内的连续跟踪。

1. 基于特征几何关系的关联

基于特征几何关系的关联是利用多个摄像机之间具有重叠部分的视域，建立多摄像机之间的几何关系及约束，从而实现目标之间的关联。Hartley 等人在《Multiple View Geometry in Computer Vision》[35]一书中详细地讲述了计算机视觉中多视点几何关系，给基于特征几何关系的重叠视域多摄像机之间的目标关联提供了理论基础。根据所采用的特征不同，基于特征几何关系的目标关联方法又分为点特征、线特征和区域特征方法。

(1) 点特征

利用摄像机的标定信息，将不同摄像机图像平面上获得的目标特征点映射到同一个三维（3D）空间中，然后通过比较这些特征点在同一个坐标系中的位置来建立摄像机之间的目标关联[36-38]。然而随着摄像机网络中摄像机数量的急剧增加，特别是摄像机已经预先被安装好，内外部参数不知道的情况下，对网络中所有摄像机都进行人工标定变得越来越困难，所以现有的研究工作大都采用不事先标定摄像机的方法进行目标关联。这些方法通常是通过已知的摄像机之间的对应点来恢复基于某个平面上摄像机视点之间的单应性矩阵（homography），然后基于这个单应性矩阵，将一个摄像机视点中的特征点变换到另一个摄像机视点中去，最后在第二个摄像机的图像平面上利用变换后的特征点与该图像平面中已有的特征点之间的匹配实现目标之间的关联[39-43]。基于点特征的方法对运动目标的准确分割有很高的要求，而运动目标的准确分割本身就是一个很大的挑战，此外，由于噪声的影响或运动目标的分割不好或因遮挡导致的只有部分目标可见，这时，基于点特征的目标关联方法是不可靠的。

（2）线特征

基于线特征的方法是利用目标的线特征的几何关系实现不同视点之间目标的关联。例如 Zhou 和 Aggarwal[44] 利用摄像机标定信息将各个视点的轨迹投影到三维（3D）空间，通过轨迹的匹配来实现目标的关联。Hu 等人[45] 提出了一种基于行人主轴线的多摄像机之间的目标关联方法。该方法一定程度上可以降低人体区域检测误差对关联造成的影响。这种基于线特征的方法能有效解决目标的遮挡、噪声问题，但在拥挤的场合，这种方法也容易导致目标的错误关联。

（3）区域特征

基于区域特征的方法是利用目标的整个或部分区域进行匹配，从而实现摄像机之间的目标关联。例如 Eshel 和 Moses[46] 通过行人头顶块的相关性解决具有一定高度人的关联性，这种方法能解决拥挤场合行人的跟踪。另外，在不需要摄像机的标定及单应性矩阵计算的情况下，明安龙等人[47] 提出了一种基于区域 SIFT 描述子的多摄像机之间目标关联，该方法是以分割后运动目标区域的 SIFT 描述子作为特征，通过 SIFT 描述子的匹配找出摄像机之间运动目标的关联。这些方法中，目标关联的正确与否很大程度上取决于目标区域分割的精度。

2. 基于表观的关联

基于表观的方法本质上是利用目标的表观特征，尤其是颜色特征，进行摄像机之间的目标关联。例如 Orwell 等人[48] 利用不同摄像机视点中得到的目标颜色直方图，采用颜色直方图的某种测度进行目标的关联。但不同的摄像机在不同的光照条件下获得的目标图像的颜色存在着很大的差别，所以只使用颜色信息通常会导致不准确的关联结果。虽然利用摄像机之间的颜色标定，可以减小摄像机之间的颜色差别，但在室外监控环境下，每个摄像机颜色空间的变化是不可预知的。所以有些方法在颜色信息匹配的基础上加入一些其他特征，如人脸特征[49,50]，以提高摄像机之间目标关联的准确性。但这种方法需确保人脸是正面对着摄像机的，在大多数监控环境中，这样的约束是不可行的，特别是在室外环境中，这种方法的实际应用是有限的。

3. 基于特征几何与表观的组合方法

这种方法是将表观信息和特征几何信息组合在一起以达到摄像机之间的目标关联。该方法通常采用基于概率信息融合[51]或贝叶斯置信网[52,53]等一些信息融合技术。这种方法在一对一关联时是很有效的，但在分割错误或一群人出现时，该方法的性能将会有所降低。另外，Krumm 等人[54]采用颜色直方图和立体匹配技术对重叠视域内摄像机之间的目标进行关联，但采用颜色直方图一般会丢失目标图像的位置信息，为了克服这个问题，Jiang 等人[55]利用了混合颜色空间表示，并运用了相关图解决摄像机之间的目标关联。

4. 其他方法

基于特征几何关系、表观特征的目标关联方法，需要事先抽取目标的特征或表观（如颜色）信息，对于特征几何关系的关联，还需要用到摄像机的标定信息或基于同一个平面的摄像机之间单应性矩阵的计算。然而，Morariu 和 Camps[56]提出利用半监督非线性流形学习及系统动态识别的方法进行多摄像机之间的目标关联。Khan 与 Shah[57]利用重叠视域中一个摄像机观察到的其他摄像机的视域线实现目标的关联。这些方法不需要进行特征匹配、摄像机的标定及单应性矩阵的计算，然而这些方法事先却需要一个训练的过程，在实际广域监控应用场合，这些方法的应用也是有限的。

2.2.2 非重叠视域多摄像机之间的目标关联与识别

由于被监控区域的广阔和摄像机视域有限之间的矛盾，以及摄像机、安装费用及计算量等方面的限制，不可能用摄像机把所有被监控区域完整覆盖，这样，非重叠视域多摄像机监控的研究受到越来越多的重视。由于摄像机的视域之间是非重叠的，所以一般用在重叠视域中用来解决摄像机之间目标关联的方法大都不再适用，尤其是基于特征几何关系的关联方法（在重叠视域中利用单应性矩阵及外极几何关系来解决目标的关联）在非重叠视域中就无法应用。在非重叠视域中，目前已有的摄像机之间的目标关联方法主要是通过轨迹关联、基于表观关联以及刚性物体的基于线特征的关联。

1. 基于轨迹的关联

基于轨迹的关联是对目标在各个摄像机内的运动轨迹进行分析，通过轨迹实现目标之间的关联。Wang 等人[58-60]借用 LDA（Latent Dirichlet Alloca-tion）[61]模型在文档分析中的思想，对目标在整个监控区域内的轨迹建立一个轨迹网络。对属于同一个活动类型的两条轨迹，在不同摄像机之间产生这两条轨迹的目标就确定为关联，这种方法对非重叠视域或有任意重叠量的重叠视域摄像机之间的目标关联都适用。

2. 基于表观的关联

基于表观的关联主要是对各个摄像机中的目标建立表观模型，然后在不同摄像机的目标表观模型之间建立转移模型，最后计算转移后的表观模型之间的相似度，从而得出摄像机之间的目标关联。目标表观模型主要是利用目标图像表观的可区分性特征进行建立，在众多特征中，颜色特征是最直观、研究最多的一种特征，特别是它对形变目标在不同摄像机中仍能保持一致。例如 Cheng 等人[62-65]提出的用 RGB 彩色空间中主颜色频谱直方图表示（MCSHR）来构建表观模型去实现非重叠视域摄像机之间的目标关联。Bowden 等人[66]分别对 HIS 颜色空间方法[67]、芒赛尔颜色空间方法[68]、传统 RGB 颜色空间方法及量化级数进行了研究，在没有对摄像机颜色响应进行标定的情况下，芒赛尔颜色空间产生较好的实验结果。

Gilbert 等人[69,70]先把目标的颜色直方图进行芒赛尔颜色空间的一致性颜色转换（CCCM），然后进行摄像机之间的目标关联。由于不同的摄像机之间受光照、场景条件、摄像机内外部参数等的影响，相同目标在不同摄像机中出现的颜色表观模型会相差很大，所以简单的基于颜色表观模型进行目标的关联，通常会出现错误的关联结果。为解决这个问题，Porikli[71]提出了基于颜色直方图的非参数非线性颜色转移函数模型，Javed 等人[72-74]提出了对不同摄像机之间的颜色表观模型建立亮度转移函数（BTF）模型。Prosser 等人[75]在亮度转移函数的基础上，提出了累积亮度转移函数（CBTF）模型以实现摄像机之间的目标关联。

3. 基于线特征的关联

对形变物体而言，很难抽取到随运动不变的线特征，因此，基于非重叠视域摄像机之间线特征的目标关联一般是对刚性物体而言。由于受到只能对刚性目标进行关联的约束，目前基于这种方法的研究不多。Shan 等人[76,77]利用无监督学习的方法提取出目标车辆的线特征，然后基于线特征对不同摄像机之间的目标车辆进行匹配，这个方法在两个摄像机中车辆的形状差别很小的情况下取得了很好的效果；Guo 等人[78,79]在提取出线特征的基础上，融合点特征、区域特征对目标车辆进行匹配。

1.5 多摄像机之间目标跟踪的若干关键问题

尽管多摄像机协同作用下目标关联与识别的研究已经取得了一定的成果，但是这些研究还处在一个比较基础的阶段，还很不成熟。本节具体探讨其中存在的关键问题，为其可能的发展趋势提供参考。

(1) 复杂场景的跟踪

在广域多摄像机视频实时监控中，由于动态环境中捕捉到的目标图像受到多方面的影响，比如天气的变化、摄像机之间光照条件的变化、背景的混乱干扰、目标与环境之间或目标与目标之间的遮挡甚至摄像机的运动等，这些都给摄像机之间目标关联与识别的准确性带来困难。如何建立对于任何复杂场景的动态变化均具有较高准确性的多摄像机之间目标关联仍然是相当困难的问题。未来需要更多的研究工作来解决这一实际问题。

（2）遮挡处理

目前，基于单摄像机的跟踪系统都不能很好地解决目标之间的相互遮挡和人体自遮挡问题。尤其是在拥挤的场景下，多个运动目标的检测和跟踪是一个困难的问题，因此，在非重叠视域的多摄像机协同监控场景下，遮挡问题自然也是一个难于处理的问题。虽然解决遮挡问题最实际的潜在方法应该是基于多摄像机的跟踪系统，但即使在重叠视域的多摄像机协同监控场景下，受摄像机个数的限制，解决遮挡问题仍然相当困难。

（3）算法性能评价

一般而言，摄像机之间目标关联与识别的准确性、系统的运行速度、鲁棒性是系统的三个基本要求。目标关联与识别的准确性对于多摄像机系统特别重要，这是因为只有准确地实现了摄像机之间的目标关联与识别才能够实现运动目标在整个场景实时、连续的跟踪；系统的处理速度对于广域多摄像机实时监控系统而言非常关键；系统的鲁棒性要求对于天气的变化、摄像机之间光照条件的变化等因素的影响不能太敏感。但多摄像机之间的目标关联与识别，目前还没有形成一些标准的数据库来对算法进行检验和评价，大部分研究工作是在基于各自选择的视频序列上进行实验分析，这样导致的结果是很多算法没有一个统一的评价和衡量标准。

（4）未来的发展趋势

☆非重叠视域的连续跟踪

受单个摄像机视域范围及摄像机安装成本的限制，为了适应更广阔区域监控的需要，运动目标在非重叠视域摄像机之间的连续跟踪的研究显得很重要。因此，具有非重叠视域的多摄像机之间的目标关联与识别是今后研究的一个重点。

☆多摄像机行人的跟踪与生物特征识别相结合

在进行多摄像机协同监控时，不仅需要计算机知道不同摄像机之间目标的关联性以实现连续跟踪，而且还需要利用生物特征识别技术来识别当前跟踪的人是谁。目前非接触的生物特征识别技术的研究主要集中于人脸识别、步态识别或特定行为的识别。当距离较近时一般可以通过跟踪人脸来加以身份识别，如果是远距离的监控，步态特征可以应用于人的身份鉴别。

☆多摄像机行人的跟踪与人的运动分析相结合

人的运动分析[80]是分析和理解人的个人行为、人与人之间及人与其他目标的交互行为等，如 W4 系统[81]可以分析人是否携带物体、放置物体、交换物体等简单行为，而基于多摄像机协同作用下目标关联研究的最终目标就是实现目标物体在广阔区域内的连续、实时的监控。因此，多摄像机行人的跟踪与人的运动分析的结合能对场景中发生异常行为的目标进行快速锁定，并进行连续跟踪。

参考文献

[1] Collins R, Lipton A, et al. A system for video surveillance and monitoring: VSAM final report. Carnegie Mellon University, Technical Report: CMU-RI-TR-00-12, 2000.

[2] Remagnino P., Tan T., Baker K., Multi-agent visual surveillance of dynamic scenes. Image and Vision Computing, 1998, 16 (8): 529-532.

[3] M. Valera, S. A. Velastin, Intelligent distributed surveillance systems: a review, IEE Proc. Vis. Image Signal Process., Vol. 152, No. 2, April 2005.

[4] R. Radke, A Survey of Distributed Computer Vision Algorithms, Book chapter to appear in Handbook of Ambient Intelligence and Smart Environments, Springer 2009.

[5] 孔庆杰，刘允才，面向广域视频监控的无重叠视域多摄像机目标跟踪，In CCPR，2007.

[6] A. Yilmaz, O. Javed, and M. Shah, Object tracking: A survey, ACM Comput. Surv., vol. 38, no. 4, p. 45, Dec. 2006.

[7] Jaynes C., Riseman E., Hanson A., Recognition and reconstruction of

buildings from multiple aerial images, Computer Vision and Image Understanding, 2003, 90 (1): 68-98.

[8] Remondino F., 3-D reconstruction of static human body shape from image sequence, Computer Vision and Image Understanding, 2004, 93 (1): 65-85.

[9] Park S., Subbarao M., Automatic 3D model reconstruction based on novel pose estimation and integration techniques, Image and Vision Computing, 2004, 22 (8): 623-635.

[10] Zheng J. Y., Acquiring a complete 3D model from specular motion under the illumination of circular—shape light sources, IEEE Transactions on Pattern Analysis and Machine Intelligence, 2000, 22 (8): 913-920.

[11] Raul M., Carlos R., Fernando J., Luis S., Narciso G., Robust 3D People Tracking and Positioning System in a Semi-overlapped Multi-camera Environment, In Proceedings of International Conference on Image Processing (ICIP), 2008.

[12] Xu F L, Liu X, Fujimura K. Pedestrian detection and tracking with night vision [J]. IEEE Transactions on Intelligent Transportation Systems, 2005, 6 (1): 63-71.

[13] Zhao L, Thorpe C. Stereo and neural network2based pedestrian detection [J]. IEEE Transactions on Intelligent Transportation Systems, 2000, 1 (3): 148-154.

[14] Mohan A, Papageorgiou C, Poggio T. Example2based object detection in images by components [J]. IEEE Transactions on Pattern Analysis and Machine Intelligence, 2001, 23 (4): 349-361.

[15] 贾慧星，章毓晋. 车辆辅助驾驶系统中基于计算机视觉的行人检测研究综述 [J]. 自动化学报，2007，33 (1): 84-90.

[16] Gavrila D M. Pedestrian detection from a moving vehicle [A]. Proceedings of European conference on Computer Vision [C]. London, UK: Springer, 2000. 1843. 37-49.

[17] Bertozzi M, Broggi A, Lasagni A, Rose M D. Infrared stereo vision-based pedestrian detection [A]. Proceedings of IEEE International Conference on Intelligent Vehicles Symposium [C]. Las Vegas, USA : IEEE, 2005. 24-29.

[18] Lipton A. Local application of optic flow to analyze rigid versus non2rigid motion [A]. Proceedings of International Conference on Computer Vision Workshop on Frame-RateVision [C]. Corfu, Greece : IEEE, 1999.

[19] Heisele B, Wohler C. Motion-based recognition of pedestrians [A]. Proceedings of IEEE International Conference on PatternRecognition [C]. Brisbane, Australia : IEEE, 1998. 2. 1325-1330.

[20] Wohler C, Anlanf J K. Real-time object recognition on image sequences with the adaptable time delay neural network algorithm—applications for autonomous vehicles [J]. Image and Vision Computing, 2001, 19 (9/10): 593. 618.

[21] Tian Q M, Sun H, Luo Y P, Hu D C. Nighttime pedestrian detection with a normal camera using SVM classifier [A]. Proceedings of International Symposium on Neural Networks [C]. Chongqing, China : Springer, 2005. 3497. 189-194.

[22] Viola P, J ones M, Snow D. Detecting pedestrians using patterns of motion and appearance [A]. Proceedings of International Conference on Computer Vision [C]. Washington DC, USA : IEEE, 2003. 734-741.

[23] Tonissen S M, Evans R J. Performance of dynamic programming techniques for track before detect [J]. IEEE Trans On AES, 1996, 32 (2): 1440-1451, 1996.

[24] Askar H, Li Z M. A dim moving point target detection technique based on distribution transform method [J]. Systems Engineering and Electronics, 2003, 25 (1): 103-106.

[25] Zhang Fei, Li Cheng-fang, Shi Li-na. Algorithm based on mathematical morphology for dim moving point target detection [J]. Optical

Technique, 2004, 30 (5): 600-602.

[26] Zhang Hua, Zhang Youguang, Li Guoyan. Particle-Filtering-Based Approach to Undetermined Blind Separation [J]. Advances in Information Sciences and Service Sciences, 2012, 4 (6): 305-315.

[27] J Trajkova, S Gauch. Improving ontology-based user profiles [D]. Kansas: University of Kansas, 2003.

[28] Jen-Chao Tai, Shung-Tsang Tseng. Real-time Image Tracking for Automatic Traffic Monitoring and Enforcement Applications Visual track in [J]. Image and Vision Computing, 2004, 22 (6): 485-501.

[29] A Hampapur, L Brown, J Connell, et al. Smart surveillance applications technologies and implications information communication and signal Processing [J]. Proceedings of the 2003 Joint Conference of the Fourth International Conference on, 2004 (2): 1133-1138.

[30] Fan Zhou, Yuhong Zhang, Zhen Qin, et al. Tracking and Managing Multiple Moving Objects Using Kernel Particle Filters in Wireless Sensor Network [J]. International Journal of Advancements in Computing Technology, 2012, 4 (6): 1-9.

[31] Chen L F, Liao H M, Lin J C, et al. A new LDA-based face recognition system which can solve the small sample size problem [J]. Pattern recognition, 2000, 33 (10): 1713-1726.

[32] eja G P, Ravi S. Face Recognition using Subspaces Techniques [C]. The international conference on recent trends in information technology, 2012: 103-107.

[33] KyungimBaek, Bruce A. Draper, J. Ross Beveridge, et al. PCA vs. ICA: a comparison on the FERET data set [C] In Proc. Of the 4th International Conference on Computer Vision, 2002: 824-827.

[34] Moghaddam B, pentland A. Probabilistic visual learning for object representation [J]. IEEE Trans. on Pattern Analysis and Machine Intelligence, 1997, 19 (7): 696-710.

[35] Hartley R. I., Zisserman Andrew. Multiple View Geometry in Computer Vision [M]. Vambridge: Cambridge University Press, 2000.

[36] Tsutsui H, Miura J, Shirai Y. Optical flow - based person tracking by multiple ameras, in Proceedings of the IEEE Con-ference on Multisensor Fusion and Integration in Intelligent. Systems. Baden-Baden, Germany, 2001: 91-96.

[37] Kelly P et al. An architecture for multiple perspective inter-active video, In Proceedings of the ACM Multimedia. SanFrancisco, USA, 1995: 201-212.

[38] Cai Q, Aggarwal J K. Tracking human motion in structured environments using a distributed-camera system. IEEE Transactions on Pattern Recognition andMachine Intelli-. gence, 1999, 21 (11): 1241-1247.

[39] K. J. Bradshaw, L. D. Reid, and D. W. Murray, "The Active Recovery of 3D Motion Trajectories and Their Use in Prediction", IEEE Trans. on Pattern Analysis and Machine Intelligence, Vol. 19, No. 3, March 1997, pp. 219-234.

[40] L. Lee, R. Romano, and G. Stein, "Monitoring Activities from Multiple Video Streams: Establishing a Common Coordinate Frame", IEEE Trans. on Pattern Analysis and Machine Intelligence, Vol. 22, No. 8, August 2000, pp. 758-767.

[41] Z. Yue, S. Zhou, R. Chellappa, Robust two - camera tracking using homography, in: Proceedings of IEEE International Conference on A-coustics, Speech, and Signal Processing, vol. 3, 2004, pp. 1-4.

[42] Khan S, Javed O, Shah M. Tracking in uncalibrated cameras with over-lapping field of view, In Proceedings of the IEEE In - ternational Workshop Performance, Evaluation of Tracking and Surveillance. Kauai, USA, 2001: 84-91.

[43] Black J, Ellis T. Multi - camera image tracking, In Proceedingsof the IEEE International Workshop Performance Evaluation of Tracking and Surveillance. Kauai, USA, 2001: 68-7.

[44] M. R. Turk, Homography-based multiple-camera person-tracking, In Proc. of SPIE-IS&T Electronic imaging, SPIE Vol. 7252, 2009.

[45] S. Khan, M. Shah, Tracking Multiple Occluding People by Localizing on Multiple Scene Planes, IEEE Trans. on Pattern Analysis and Machine Intelligence, Vol. 31, No. 3, 2009.

[46] Q. Zhou, J. Aggarwal, Object tracking in an outdoor environment using fusion of features and cameras, Image Vis. Comput. 24 (11) (2006) 1244-1255.

[47] W. Hu, M. Hu, X. Zhou, T. Tan, J. Lou, Principal Axis-Based Correspondence Between Multiple Cameras for People Tracking, IEEE Trans. on Pattern Analysis and Machine Intelligence, 27 (4), 663-671 (2006).

[48] S. Calderara, R. Cucchiara, A. Prati, Bayesian-Competitive Consistent Labeling for People Surveillance, IEEE Trans. on Pattern Analysis and Machine Intelligence, Vol. 30, No. 2, 2008.

[49] A. Mittal, L. Davis, M2tracker: A multi-view approach to segmenting and tracking people in a cluttered scene, IJCV 51 (3) (2003) 189-203.

[50] R. Eshel, Y. Moses, Homography Based Multiple Camera Detection and Tracking of People in a Dense Crowd, in: Proceedings of the IEEE International Conference on Computer Vision and Pattern Recognition (CVPR), 2008.

[51] 明安龙，马华东，多摄像机之间基于区域 SIFT 描述子的目标匹配，计算机学报，Vol. 31, No. 4, 2008.

[52] J. Orwell, P. Remagnino, G. Jones, Multi-camera colour tracking, in: Proceedings of the Second IEEE Workshop on Visual Surveillance, (VS' 99), 1999, pp. 14-21.

[53] A. Mittal, L. S. Davis, M2Tracker: A Multi-View Approach to Segmenting and Tracking People in a Cluttered Scene Using Region-Based Stereo, in Proc. of European Conference on Computer Vision,

Copenhagen Denmark, May 2002, pp. 18-36.

[54] K. Nummiaro, E. Koller-Meier, T. Svoboda, D. Roth, L. Van Gool, Color-based object tracking in multi-camera environments, in: DAGM03, 2003, pp. 591-599.

[55] M. H. Tan, S. Ranganath, Multi-camera people tracking using bayesian networks, in: Proceedings of the 2003 Joint Conference of the Fourth International Conference on Information, Communications and Signal Processing, 2003 and the Fourth Pacific Rim Conference on Multimedia, vol. 3, 2003, pp. 1335-1340.

[56] J. Kang, I. Cohen, G. Medioni, Continuous tracking within and across camera streams, in: Proceedings of the IEEE International Conference on Computer Vision and Pattern Recognition, vol. 1, 2003, pp. I-267-I-272.

[57] S. Chang, T. -H. Gong, Tracking multiple people with a multi-camera system, in: Proceedings of IEEE Workshop on Multi-Object Tracking, 2001, pp. 19-26.

[58] S. Dockstader, A. Tekalp, Multiple camera tracking of interacting and occluded human motion, Proc. IEEE 89 (10) (2001) 1441-1455.

[59] J. Krumm, S. Harris, B. Meyers, B. Brumitt, M. Hale, S. Shafer, Multi-camera multi-person tracking for easyliving, in: Proceedings of IEEE International Workshop on Visual Surveillance, 2000, pp. 3-10.

[60] L. Jiang, C. S. Chua, Y. K. Ho, Color based multiple people tracking, in IEEE (Ed.), Seventh International Conference on Control, Automation, Robotics and Vision, 2002. ICARCV 2002, Vol. 1, 2-5, 2002, pp. 309-314.

[61] Morariu, V. I., & Camps, O. I. (2006). Modeling correspondences for multi-camera tracking using nonlinear manifold learning and target dynamics. InProceedings of the IEEE computer society conference on computer vision and pattern recognition (CVPR) (pp. 545-552).

[62] Morariu V. I., Camps O. I., Sznaier M., Lim H., Robust cooperative Visual Tracking: A Combined NonLinear Dimensionality Reduction/

Robust Identification Approach, Adv. In Cooper. Ctrl. And Optimization, LNCIS369, pp. 353-371, 2007.

[63] S. Khan, M. Shah, Consistent labeling of tracked objects in multiple cameras with overlapping fields of view, IEEE Trans. Pattern Anal. Mach. Intell. 25 (10) (2003) 1355-1360.

[64] X. Wang, K. Tieu, W. E. L. Grimson, Correspondence-free activity analysis and scene modeling in multiple camera views, IEEE Trans. on Pattern Analysis and Machine Intelligence, Vol. 1, No. 1, 2009.

[65] X. Wang, K. Tieu, W. E. L. Grimson, Learning semantic scene models by trajectory analysis, In Proc. of European Conf. Computer Vision, 2006.

[66] X. Wang, K. Tieu, W. E. L. Grimson, Unsupervised activity perception in crowded and complicated scenes using hierarchical Bayesian models, IEEE Trans. on Pattern Analysis and Machine Intelligence, 2008.

[67] D. M. Blei, A. Y. Ng, M. I. Jordan, Latent dirichlet allocation, Journal of Machine Learning Research, 3: 993-1022, 2003.

[68] Cheng E D, Madden C, Piccardi M. Mitigating the Effects of Variable Illumination for Tracking across Disjoint Camera Views. In IEEE Int. Conf. AVSS. 2006, 32-37.

[69] Cheng E D, Piccardi M. Matching of Objects Moving across Disjoint Cameras. In ICIP. 2006, 1769-1772.

[70] Cheng E D, Piccardi M. Disjoint track matching based on a major color spectrum histogram representation. Optical Engineering, 2007 (46): 1-14.

[71] C. Madden, E. D. Cheng, M. Piccardi, Tracking people across disjoint camera views by an illumination - tolerant appearance representation, Machine Vision and Applications (2007) 18: 233-247.

[72] Bowden R., KaewTraKulPong P., Towards automated wide area visual surveillance: tracking objects between spatially-separated, uncalibrated views. IEE Proc. Vision, Image and Signal Processing, Vol 152, 2005, 213-224.

[73] Black J., Ellis T., Makris D., Wide Area Surveillance with a Multi-Camera Network. Proc. IDSS-04 Intelligent Distributed Surveillance Systems (2003) 21-25.

[74] Sturges J., Whitfield T., Locating Basic Colour in the Munsell Space. Color Research and Application, 20 (6): 364-376 (1995).

[75] Gilbert A., Bowden R., Incremental Modelling of the Posterior Distribution of Objects for Inter and Intra Camera Tracking. In BMVC, 2005.

[76] Gilbert A., Bowden R., Tracking objects across cameras by incrementally learning inter - camera colour calibration and pattern of activity. In ECCV, 2006.

[77] Porikli F., Inter-camera Color Calibration Using Cross-correlation Model Function. IEEE International Conference on Image Processing (ICIP), Vol. 2, 2003, 133-136.

[78] Porikli F., Divakaran A., Multi-Camera Calibration, Object Tracking, and Query Generation. In ICME. 2003, 653-656.

[79] Javed O, Rasheed Z, Shafique K, et al. Tracking Across Multiple Cameras With Disjoint Views. In ICCV. 2003, 952-957.

[80] Javed O, Shafique K, Shah M. Appearance Modeling for Tracking in Multiple Non-overlapping Cameras. In CVPR. 2005, 26-33.

[81] Javed O, Shafique K, Rasheed Z, et al. Modeling Inter-camera Space-time and Appearance Relationships for Tracking Across Non-overlapping Views. Comput. Vis. Image Understanding, 2007, to be published.

[82] B. Prosser, S. Gong, T. Xiang, Multi-camera Matching using Bi-Directional Cumulative Brightness Transfer Functions, In Proc. British Machine Vision Conference, Leeds, September 2008.

[83] Jeong K, Jaynes C. Object matching in disjoint cameras using a color transfer approach. Machine Vis. Appl., 2007, to be published.

[84] Shan Y, Sawhney H S, Kumar R. Unsupervised Learning of Discriminative Edge Measures for Vehicle Matching between Non-Overlapping Cam-

eras. In CVPR. 2005, 94-901.

[85] Ying Shan, Harpreet S. Sawhney, and Rakesh Kumar," Unsupervised Learning of Discriminative Edge Measures for Vehicle Matching between Non-Overlapping Cameras", IEEE Transactions on Pattern Analysis and Machine Intelligence (PAMI), Vol. 30, April 2008.

[86] Shan Y, Sawhney H S, Kumar R. Unsupervised Learning of Discriminative Edge Measures for Vehicle Matching between Non-Overlapping Cameras. IEEE Trans. Pattern Anal. Machine Intell., 2007, to be published.

[87] Guo Y, Hsu S, Shan Y, et al. Vehicle Fingerprinting for Reacquisition & Tracking in Videos. In CVPR. 2005, 761-768.

[88] Guo Y, Sawhney H S, Kumar R, et al. Robust Object Matching for Persistent Tracking with Heterogeneous Features. In Joint IEEE Int. Workshop VS-PETS. 2005, 81-88.

[89] Guo Y, Hsu S, Sawhney H S, et al. Robust Object Matching for Persistent Tracking with Heterogeneous Features. IEEE Trans. Pattern Anal. Machine Intell., 2007 (29): 824-839.

[90] 王亮，胡卫明，谭铁牛，人运动的视觉分析综述，计算机学报，Vol. 25, No. 3, 2002.

[91] Haritaoglu I., Harwood D., Davis L., W^4: real-time surveillance of people and their activities. IEEE Trans. Pattern Analysis and Machine Intelligence, 2000, 22 (8): 809-830.

基于四元数方向梯度直方图的行人检测研究

2.1 引言

近年来，行人检测在许多实际应用中受到越来越多的关注[1-3]，例如智能监控、车载驾驶辅助系统及先进机器人技术等。虽然已经提出了许多行人检测方法，但在实际真实场景中受行人外观、姿势、形变及光照等条件的影响，检测行人问题的解决仍然是一项具有挑战性的工作。因此，找到一种更具有鉴别力和鲁棒性的特征描述符将有助于提高行人检测的性能。

近年来，已经提出了许多用于行人检测的系统和检测方法。在这些方法中，通过提取不同的特征来解决这个问题，例如 Papageorgiou 和 Poggio[4] 提出的 Haar 特征结合多项式 SVM 来检测人类，尺度不变特征变换（SIFT）描述符[5]，边缘模板[6]、协方差描述符[7]、韦伯局部描述符（WLD）[8]、自适应轮廓特征[9]和方向梯度直方图（HOG）[10]。在这些方法中，Dalal 和 Triggs[10] 提出的 HOG 方法在行人检测中取得了巨大的成功。HOG 特征在行人检测中所表现出来的性能具有很大的优越性，基于此，研究者提出了许多基于 HOG 特征的框架用于解决行人检测问题。Dalal 等人提出了 HOG 特征和光流特征的组合来表征行人目标，Wojek 等人提出另一种 HOG 变种，它是组合 HOG 特征、Haar 小波特征和光流特征来表征行人，Walk 等人[11]提出结合 HOG、HOF 和 CSS 三种特征来表征行人，Wang 等人[12]提出将 HOG 特征与局部二值模式（LBP）特征组合用于行人检测，另一种 HOG 变体是提出了结合 HOG 特征和颜色信息的 CHOG 特征用于行人检测[13]。

在这些行人检测方法中，HOG 及其许多变种方法获得了很大的成功和普及。然而，这些基于 HOG 及其变种的方法只考虑了梯度方向，与 HOG 特征不同，由梯度方向和差分激励组成的 Weber 局部描述符（WLD）特征方法在行人检测方面获得了更好的性能[8]。在 WLD 方法中，基于梯度方向和差分激励为图像中的每个局部邻域计算直方图，而且 WLD 具有光照不变性，但是它对噪声非常敏感。

上述所有方法都是从灰度图像中提取特征，忽略了颜色信息。然而，颜色信息对于彩色图像中的行人检测非常重要。受 HOG 特征在行人检测方面取得巨大成功以及颜色信息四元数表示的启发，在本章中，我们提出了一个简单但非常强大且鲁棒的局部描述符，它结合了 HOG 特征和颜色信息四元数表示的优点，利用这种方法可以很好地解决行人检测问题。在这项工作中，我们首先利用四元数表示来表征彩色图像并获得四元数表示图，然后基于这个图谱，我们计算其 HOG 特征。我们称这个描述符为“四元数方向梯度直方图（QHOG）”。实验结果表明，QHOG 直方图表示能很好地刻画出彩色行人目标，因此是一个很好的彩色行人目标检测描述符。

2.2 基于四元数方向梯度直方图（QHOG）的行人检测

众所周知，在行人检测中，鲁棒性特征显著影响行人检测的性能。在本节中，我们提出了一种基于四元数方向梯度直方图的行人检测新方法。

2.2.1 方向梯度直方图（HOG）

HOG 特征已被证明是一种非常有效的行人检测特征描述符，这里先简要回顾 Dalal 和 Triggs[10] 提出的 HOG 特征描述符。为了从图像中检测行人目标，通常首先采用滑动窗口技术，从检测到的窗口中提取判别性特征。在 HOG 方法中，把每一个检测窗口划分成 8 × 8 像素大小的单元格。对于每个单元格，分别提取其梯度方向和幅度分布，并基于该分布得到 HOG 特征，由于梯度对光照和颜色的轻微变化具有不变性，因此，HOG 特征是鲁棒的。图 2.1 显示了 HOG 特征描述符的计算过程。

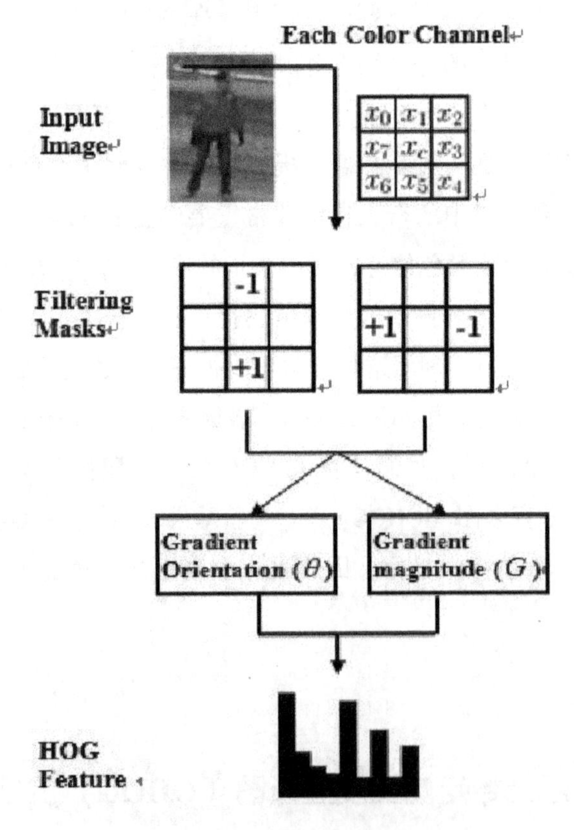

图 2.1 HOG 描述符的计算过程

考虑一个单元格图像 I 和梯度估计滤波器 ? $_x$ = [− 1, 0, 1] 和 ? $_y$ =

$[-1, 0, 1]^T$，前人已经证明采用这样的滤波器获得了良好的性能[10]。g_x 和 g_x 表示梯度图像，可由下式计算得到：

$$g_x = I * h_x = x_7 - x_3 \tag{2.1}$$

$$g_y = I * h_y = x_5 - x_1 \tag{2.2}$$

此处 * 表示卷积操作。基于这两个梯度，每个像素 (i, j) 的梯度幅值可以计算为：

$$G(i, j) = \sqrt{g_x(i, j)^2 + g_y(i, j)^2} \tag{2.3}$$

并且每个像素 (i, j) 的主要梯度方向可计算为

$$\theta(i, j) = arctan\left(\frac{g_y(i, j)}{g_x(i, j)}\right) \tag{2.4}$$

单元格包含 bins 方向上的投票累积，有向 bins 可以是 0 到 180 度的“带符号”梯度，也可以是 0 到 360 度的“无符号”梯度。HOG 的原论文中采用 9 个 bins 无符号梯度方向，表现出最佳的性能。因此，在我们的实验中，将使用与文献[10]相同的参数，将梯度的大小投票到 9 个 bins 中，然后可以得到一个 9-bin 的直方图。每组由四个 8×8 像素单元组成，以滑动方式集成为一个块，块之间相互重叠，这使得描述符对光照、形变和阴影更加鲁棒。每个块都包含其所有单元格的串联直方图。因此，每个块由一个 36-bin 直方图表示。对于 64×128 的检测窗口，可以生成 7×15 个块。最后，提取一个 3780-bin 的直方图，将其作为特征来表征滑动检测窗口。线性 SVM 分类器可以决策检测窗口是否为行人，然后这些特征被用来训练一个线性 SVM 分类器。

2.2.2 彩色图像的四元数表示

四元数是一个具有一个实部和三个虚部的四维复数，它由 Hamilton[14] 提出。它的表示如下：

$$q = a + ib + jc + kd \tag{2.5}$$

这里 a、b、c 和 d 是实数，i、j 和 k 是复数运算符，它们满足：

$$i^2 = j^2 = k^2 = ijk = -1$$

$$ij = -ji = k$$

$$jk = -kj = i$$

$$ki = -ik = j$$

在这种复数形式中，a 表示实部，$ib + jc + kd$ 表示虚部。这里，我们用 $S(q)$ 和 $V(q)$ 分别 表示实部和虚部，那么四元数可以改写为：

$$q = S(q) + V(q) \tag{2.6}$$

与二维复数一样，四元数也可以表示为极坐标形式：

$$q = |q|e^{\mu\theta} = |q|(cos\theta + \mu sin\theta) \tag{2.7}$$

这里 μ 是一个单位纯四元数，并且 $0 \leq \theta \leq \pi$，μ 和 θ 就是四元数的特征轴和相位，它们可以通过下式计算得到：

$$\mu = \frac{V(q)}{|V(q)|} \tag{2.8}$$

$$\theta = arctan\left(\frac{V(q)}{S(q)}\right) \tag{2.9}$$

通常，一个彩色像素可以表示为四元数的虚部，即：

$$q = ir + jg + kb \tag{2.10}$$

这里 r、g 和 b 分别表示为彩色像素的红、绿、蓝分量。

2.2.3 四元数方向梯度直方图（QHOG）

在原始的 HOG 方法中，如果行人检测是在彩色图像中，则计算每个颜色通道的单独梯度，并将范数最大的值作为像素的梯度向量。但是，如果分别从每个颜色通道中提取 HOG 特征或仅对灰度图像提取 HOG 特征，则忽略了每个颜色通道分量之间的关系。在本节中，我们利用四元数来表示每个彩色图像像素，可以得到一个四元数表征图，然后基于这个表征图提取 HOG 特征来表示彩色行人图像。在该方法中，提取的特征融合了 HOG 特征和四元数表示的优点，可很好地用于解决行人检测问题。

在四元数形式中，一个彩色像素可以用公式 2.10 表示，然后式 2.1 和式 2.2 中的梯度图像计算可以改写为：

$$g_x^q = q_7 - q_3$$

$$
\begin{aligned}
&= i(r_7 - r_3) + j(g_7 - g_3) + k(b_7 - b_3) \\
&= i\,r_x + j\,g_x + k\,b_x \qquad (2.11)
\end{aligned}
$$

$$
\begin{aligned}
g_y^q &= q_5 - q_1 \\
&= i(r_5 - r_1) + j(g_5 - g_1) + k(b_5 - b_1) \\
&= i\,r_y + j\,g_y + k\,b_y \qquad (2.12)
\end{aligned}
$$

其中 q_1，q_3，q_5 和 q_7 是四个四元数，分别表示图 2.1 中滤波模板位置的四个彩色像素。为了简化方程表达式，我们使用字母代替式 2.11 和式 2.12 中的差值，例如 $r_x = r_7 - r_3$ 。在这种四元数形式中，梯度的大小可以表示为四元数的模数，即：

$$
\begin{aligned}
G^q(i,\ j) &= |g_x^q| + |g_y^q| \\
&= \sqrt{r_x^2 + g_x^2 + b_x^2} + \sqrt{r_y^2 + g_y^2 + b_y^2}
\end{aligned} \qquad (2.13)
$$

而且，梯度方向可以通过下式计算得到：

$$
\begin{aligned}
\theta^q(i,\ j) &= arctan\left(\frac{g_y^q\,\bar{g}_x^q}{g_x^q\,\bar{g}_x^q}\right) \\
&= arctan\left(\frac{-(i\,r_y + j\,g_y + k\,b_y)(i\,r_x + j\,g_x + k\,b_x)}{r_x^2 + g_x^2 + b_x^2}\right) \\
&= arctan\left(\frac{\sqrt{(g_y\,b_x - b_y\,g_x)^2 + (b_y\,r_x - r_y\,b_x)^2 + (r_y\,g_x - g_y\,r_x)^2}}{(r_x\,b_y + g_x\,g_y + b_x\,b_y)}\right)
\end{aligned} \qquad (2.14)
$$

与 HOG 方法相同，我们利用 G^q 和 θ^q 构建 QHOG 描述符，将其用于彩色图像中的行人检测。

2.2.4 相似性度量

已经提出了许多基于直方图匹配的相似性度量方法。对于行人检测，必须考虑相似性度量的良好性能和计算效率。通过分析行人检测使用的相似性度量方法，支持向量机（SVM）方法已被证明是行人检测的主要方法。在论文[8]中，基于 SVM 的分类方法取得了具有竞争力的结果。在本章中，这项工作的目的是验证所提出的 QHOG 方法在行人检测中的有效性。因此，在我们的实验中采用了线性 SVM 分类器方法来进行相似性的度量。

2.3 实验结果与分析

在本节中，为了验证我们提出的 QHOG 方法在行人检测中的有效性，我们进行了两组实验。实验是在 INRIA 和 Daimler Chrysler（DC）这两个流行的行人数据集上进行的。

2.3.1 在 INRIA 数据集上的结果评价

论文[10]中介绍了 INRIA 行人数据集，由于这个数据集具有各种各样的行人外观变化、光照变化、关节姿势变化和复杂背景变化等，这表明在该数据集上进行行人检测是非常困难的。在本实验中，传统的对数尺度上的检测错误均衡（DET）曲线用于评估实验结果，即利用漏检率（$\frac{FalseNeg}{TruePos + FalseNeg}$）与窗口的误报（FPPW）来表征每个窗口分类精度的结果。受到前面的行人检测方法[8]的启发，我们也将图像扫描窗口划分为小单元格，对于每个单元格，计算局部 QHOG 直方图。然后对于窗口中的所有单元格，获得每个单元格的 QHOG 直方图，最后将所有单元格的 QHOG 直方图连接起来形成一个大的直方图来描述当前的扫描窗口。与论文[8]中描述的类似，我们也采用单元格大小为 16×16 像素。图 2.2 显示了与我们提出的 QHOG 行人检测方法类似的其他行人检测方法的实验结果。从该图中可以看出，我们提出的 QHOG 方法比其他类似的行人检测方法表现更好，例如 MWLD 行人检测方法[8]、HOG 行人检测方法[10]和 HOG-LBP 行人检测方法[12]。与 HOG 行人检测方法相比，在 $FPPW = 10^{-4}$ 时检测率提高了 16.58%。同样与 MWLD 行人检测方法相比，我们提出的 QHOG 行人检测方法在 $FPPW = 10^{-4}$ 时获得了 0.85% 的提高。

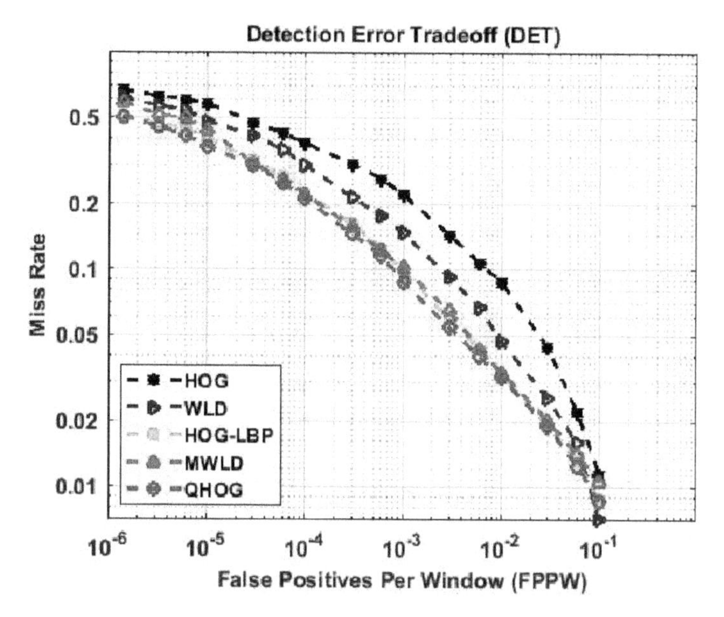

图 2.2 INRIA 数据集上提出的 QHOG 行人检测方法与其他类似行人检测方法的性能比较

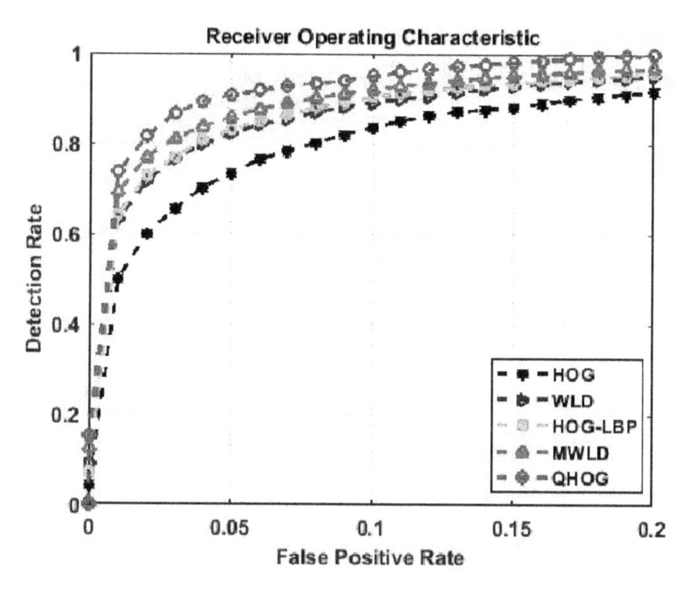

图 2.3 DC 数据集上提出 QHOG 检测方法与其他类似检测方法之间的性能比较

2.3.2 在DC数据集上的结果评价

第二个实验是在Daimler Chrysler（DC）行人数据集上进行的。该数据集由Munder和Gavrila创建[15]，该数据集被分成了五个互不相交的集合，三个用于训练，另外两个用于测试，每组有5000个正例和4800个反例。与论文[8]类似，我们也采用6×6像素大小的单元进行实验。在训练阶段，采用三个训练集中的所有样本进行训练，测试阶段，两个测试集中的所有样本都用来进行测试。与论文[8]描述的类似，我们也采用ROC曲线来评估实验结果。图2.3显示了在DC数据集上与其他类似行人检测方法的比较结果。从这个图中可以看出，本章提出的QHOG行人检测方法仍然优于其他类似的行人检测方法，如HOG方法[10]、HOG-LBP方法[12]和MWLD方法[8]。例如，在$FPR = 0.05$时，提出的QHOG行人检测方法比HOG方法和MWLD方法分别获得了15.25%和2.9%的提升。

2.4 本章小结

本章提出了一种有效且高效的行人检测方法（QHOG方法）用于行人检测，该方法结合了彩色图像的四元数表示及HOG的优点。在本章中，采用滑动窗口技术，然后使用提出的QHOG行人检测器来表征滑动窗口的特征。两组实验分别在两个流行的行人数据集INRIA数据集和DC数据集上进行测试。实验结果验证了所提出的QHOG行人检测方法的有效性。与HOG方法、HOG-LBP方法和MWLD方法等类似的行人检测方法相比，所提出的QHOG行人检测方法性能更好。

参考文献

[1] Y. Yuan, X Lu. and X Chen, “Multi-spectral pedestrian detection,”. Sig. Process, vol. 110, pp. 94-100, 2015.

[2] J. Echanobe, I. Del Campo, K. Basterretxea, M. V. Martinez, and F. Doctor, "An FPGA-based multiprocessor-architecture for intelligent environments," Microprocessors and Microsystems, vol. 38 (7), pp. 730-740, 2014.

[3] D. Geronimo, A. M. Lopez, and A. D. Sappa, T. Graf, "Survey of pedestrian detection for advanced driver assistance systems," IEEE Transactions on Pattern Analysis and Machine Intelligence, vol. 32 (7), pp. 1239-1258, 2010.

[4] C. Papageorgiou, and T. Poggio, "A trainable system for object detection," International Journal of Computer Vision, vol. 38 (1), pp. 15-33, 2000.

[5] J. Vourvoulakis, J. Kalomiros and J. Lygouras, "Fully pipelined FPGA-based architecture for real-time SIFT extraction," Microprocessors Microsystems, vol. 40, pp. 53-73, 2016.

[6] D. Gavrila, "A Bayesian exemplar-based approach to hierarchical shape matching," IEEE Trans. Pattern Anal. Mach. Intell., vol. 29 (8), pp. 1408-1421, 2007.

[7] O. Tuzel, F. Porikli and P. Meer, "Pedestrian detection via classification on Rie-mannian manifolds," IEEE Trans. Pattern Anal. Mach. Intell., vol. 30 (10), pp. 1713-1727, 2008.

[8] G. Lian, J. Lai and Y. Yuan, "Fast pedestrian detection using a modified WLD detector in salient region," 2011 International Conference on System Science and Engineering, pp. 564-569, 2011.

[9] W. Gao, H. Ai and S. Lao, "Adaptive contour features in oriented granular space for human detection and segmentation," Proc. IEEE Int. Conf. Comput. Vis. Pattern Recognit., pp. 1786-1793, 2009.

[10] N. Dalal and B. Triggs, "Histograms of oriented gradients for human detection," Proc. IEEE Conf. Comput. Vision Pattern Recog., pp. 886-893, 2005.

[11] S. Walk, N. Majer, K. Schindler, and B. Schiele, "New features and insights for pedestrian detection," IEEE International Conference on Computer Vision and Pattern Recognition, 2010.

[12] X. Wang, T. X. Han, and S. Yan, "An HOG-LBP human detector with partial occlusion handling," IEEE International Conference on Computer Vision, pp. 1-8, 2009.

[13] W. R. Schwartz, A. Kambhavi, D. Harwood, and L. S. Davis, "Human detection using partial least squares analysis," IEEE International Conference on Computer Vision, 2009.

[14] W. Hamilton, "Elements of quaternions," London, U. K.: Longmans Green, 1866.

[15] S. Munder and D. M. Gavrila, "An experimental study on pedestrian classification," IEEE Trans. Pattern Analysis and Machine Intelligence, vol. 28 (11), pp. 1863-1868, 2006.

基于四元数梯度 Weber 局部描述子的行人检测研究

3.1 引言

行人检测在许多实际应用中受到了很大的关注[1-4]，例如智能机器人、汽车系统、视频监控及人的行为理解等。然而，由于服装、行人的形变、身体形状、部分遮挡、光照变化，特别是移动的相机或杂乱的背景，这些都会导致行人外观发生很大的改变，因此，在图像或视频中检测出行人已被证明是一项极具挑战性的工作。可靠的行人检测方法距离实际应用还很遥远，因此，需要一种更具鉴别力和鲁棒性的行人检测器来提高行人检测性能。

纹理信息在计算机视觉中发挥着重要的作用[46][47]，近年来，提出了许多基于纹理特征提取的行人检测算法并取得了很大进展[5]-[8]。现有的特征提取方法大致可以分为数据驱动特征和手工提取特征。

近来，深度学习模型（CNN）在目标检测方面取得了巨大成功[9]-[14]。很自然地它们也被广泛应用于行人检测中，通过使用学习到的深度特征来提高行人检测的性能[15]-[22]、[37]、[39]。虽然这些使用深度学习模型的行人检测方法提高了检测精度，但它们需要更复杂的架构和更高的计算成本，还需要特殊的硬件才能在合理的时间内运行。

现在也已提出了许多基于手工提取特征的行人检测方法，例如 Papageorgiou 和 Poggio 提出的 Haar 特征[23]、尺度不变特征变换（SIFT）描述符[24]、边缘模板[25]、协方差描述符[26]，Weber 局部描述符（WLD）[27]，自适应轮廓特征[28]及方向梯度直方图（HOG）[29]等。在这些特征提取方法中，HOG 特征对于行人检测的性能表现出了很大的优势。基于 HOG 特征框架，已经提出了许多 HOG 特征变种方法以解决行人检测问题。Dalal 等人用 HOG 特征和光流特征的特征组合来表征行人目标。Wojek 等人提出另一种 HOG 变种，用 HOG、Haar 小波和光流特征的组合来表征行人目标。Walk 等人提出了一种结合 HOG、HOF 和 CSS 作为行人特征的特征表示[30]。Wang 等人提出结合 HOG 和局部二值模式（LBP）特征的方法（HOG-LBP）用于行人检测[31],[32]。这些基于手工特征的行人检测方法在计算复杂度低的情况下取得了极具竞争力的结果。

本章探索了一种基于手工提取特征且计算复杂度低的行人检测算法。为提取到具有判别性的局部特征，我们提出了一种对彩色图像信息进行有效差分统计的方法。所提取的特征在计算效率和判别力方面表现出一定优势。我们工作的主要贡献可以概括为三个方面：

· 提出了一种新颖且鲁棒的局部行人检测算法，它融合了颜色和纹理信息的优点，可以很好地解决行人检测问题。

· 在彩色图像上探索了四元数梯度表示，可以有效地刻画彩色行人目标图像。

· 在 INRIA 和 PennFudanPed 两个主要的彩色行人数据集上进行了大量实验，实验结果验证了，与类似的行人检测器相比，所提出的行人检测方法具有良好的性能。

行人检测的研究历史悠久，文献丰富。在深度学习模型出现之前，大多基于手工提取特征的行人检测方法被广泛使用，并且在滑动窗口策略下获得了良好的性能[23]-[32]。在这些方法中，大多数工作主要集中在设计出强大的特征表示，在这些行人检测方法中，HOG 及其许多变种获得了很大的成功并得到广泛普及[29]、[33]-[36]。然而，这些基于 HOG 及其变种的方法只考虑了梯度方向，与 HOG 特征不同，由梯度方向和差分激励组成的 Weber 局部描述符（WLD）方法在行人检测方面获得了更好的性能[27]。

众所周知，在行人检测任务中，原始的 HOG 方法已经在灰度图像中取得了成功。而在大多数基于手工提取特征的行人检测方法中，特征是从灰度图像中提取的，这就忽略了颜色信息。然而，颜色信息对于彩色图像中的行人检测是非常重要的。为了考虑颜色信息，研究者已经提出了一些基于颜色特征的行人检测方法，如颜色直方图方法[38]、颜色自相似性（CSS）方法[30]，以及将 HOG 特征与颜色信息特征相结合（CHOG）的方法[32]。但在这些方法中，提取特征仅来自每个单独的颜色通道，然后计算每个通道的单独梯度，将具有范数最大的那个值作为该像素的梯度向量。然而，如果特征分别从每个颜色通道中提取，或者仅提取自灰度图像，这样就忽略了每个颜色通道分量之间的关系[29]。而我们都知道，颜色分量之间的关系信息对表征彩色图像来说是非常重要的。

本章的初始版本出现在论文[48]中，即本书第二章内容，其定义了彩色像素的四元数梯度方向并用于构建 QHOG 描述符。类似于 HOG 方法[29]，QHOG 方法也仅考虑了梯度方向。

受彩色像素的四元数整体表示和 WLD 特征行人检测成功的启发，本章提出了一种非常强大且鲁棒性的局部行人检测方法，它融合了 WLD 特征和颜色信息四元数梯度表示的优点，可以很好地解决行人检测问题。更具体地说，在所提出的方法中，首先利用四元数梯度来表示彩色图像，然后基于四元数梯度图计算 WLD 特征。这里，我们称这个行人检测器为“基于四元数梯度的 Weber 局部描述符”（QGWLD）。实验结果表明，QGWLD 直方图表示是一种很好的彩色行人检测描述符。

3.2 基于 QGWLD 的行人检测

在行人检测任务中，鲁棒性的特征表示对行人检测性能具有显著影响。在本节中将详细介绍所提出的基于四元数梯度的 Weber 局部描述符行人检测方法，这项工作的目标是设计出一种有效且高效的彩色行人检测算法。

3.2.1 彩色图像的四元数梯度

对于彩色行人检测，如何在彩色图像中很好地表征行人目标是一个关键问题。众所周知，与单独分析颜色分量相比，同时对所有颜色分量进行整体分析可以更好地表示颜色信息。幸运的是，彩色像素的四元数表示在彩色图像处理中获得了良好的性能[42]。

四元数是由一个实部和三个虚部构成的一个四维复数，由 Hamilton[40] 所提出，它可以用公式来表示：

$$q = a + ib + jc + kd \tag{3.1}$$

这里 a、b、c 和 d 是实数，i、j 和 k 是复数运算符，它们满足：

$i^2=j^2=k^2=ijk=-1$，$ij=-ji=k$，$jk=-kj=i$，$ki=-ik=j$

在这种复数形式中，a 表示实部，$ib+jc+kd$ 表示虚部。这里，$S(q)$ 和 $V(q)$ 分别用来表示实部和虚部，则四元数公式可以改写为：

$$q = S(q) + V(q) \tag{3.2}$$

与二维复数一样，任何四元数也可以用极坐标形式表示：

$$q = |q|e^{\mu\theta} = |q|(cos\theta + \mu sin\theta) \tag{3.3}$$

其中 μ 为单位纯四元数，且 $0 \leq \theta \leq \pi$，μ 和 θ 可由下式得到：

$$\mu = \frac{V(q)}{|V(q)|} \tag{3.4}$$

$$\theta = arctan\left(\frac{V(q)}{S(q)}\right) \tag{3.5}$$

四元数可以有效地用来处理空间域和复数域中的彩色图像[42]。四元数的三个虚部分量可作为一个单元来处理颜色信息，在 RGB 模型中，一个彩色像素在四元数空间中可以表示为：

$$q = a + ir + jg + kb \tag{3.6}$$

其中 r、g、b 分别表示为彩色像素的红、绿、蓝分量，i、j、k 为纯四元数单位，四元数的实部可设为灰度像素：a?? $=(r+g+b)/3$ 或 $a=0$。

过去，研究者已经提出了许多基于灰度图像的梯度算子，可以对灰度值进行处理。当在处理彩色图像时，这些梯度算子可以用来单独处理彩色图像的每个颜色分量，并且可以获得彩色图像中各分量的边缘检测信息。显然，并不是所有的边缘都可以通过单独处理单个梯度的颜色分量来得到。

为了有效地处理彩色图像，Grigoryan 等人引入了四元数梯度算子[42]。带有四元数模板的彩色图像窗口卷积可定义为：

$$H_{n,m} = (H_e)_{n,m} + (i(H_i)_{n,m} + j(H_j)_{n,m} + k(H_k)_{n,m}) \tag{3.7}$$

右侧乘法为：

$$QG_{n,m} = q_{n,m} * H_{n,m} = \sum_{n_1=-L1}^{L_1}\sum_{m_1=-L2}^{L_2} q_{n-n_1,m-m_1} H_{n_1,m_1} \tag{3.8}$$

其中 $(2L_1+1)(2L_2+1)$ 是模板的大小。

当四元数分量相等时，卷积模板可以表示为：

$$H_{n,m} = (1 + (i + j + k))(H_e)_{n,m} \tag{3.9}$$

并且真实模板 H_e 分别定义为 X 和 Y 方向的梯度算子 G_x 和 G_y。因此，两个四元数梯度算子可表示为：

$$H_x = (1 + (i + j + k))G_x and H_y = (1 + (i + j + k))G_y \tag{3.10}$$

基于这两个算子，彩色图像的四元数梯度可以用 X 方向和 Y 方向的梯度来表示，即：

$$QG_x = q * H_x and QG_y = q * H_y \tag{3.11}$$

3.2.2 基于四元数梯度的 Weber 局部描述子

Chen 等人提出的 Weber 局部描述符（WLD），在纹理识别、人脸检测和行人检测等方面具有良好的性能[41]、[27]。原始 WLD 特征是仅从灰度图像中提取。但如果行人检测是在彩色图像中进行，上述方法显然忽略了颜色信息。为了有效地表征彩色图像，在前面我们介绍了四元数梯度。因此，在本节中，提出了基于四元数梯度的彩色图像 Weber 局部描述符，用于检测彩色图像中的行人目标。

1. WLD 概述

WLD 是基于 Weber 定律提出来的，它是一种心理定律[41]，该定律揭示了人类感知在刺激增量（$\triangle I$）与背景刺激值（I）的比值对人类的普遍影响，这个比值是一个常数。因此，WLD 由两个部分组成，一个是差分激励（ξ），另一个是方向（θ）。

当前像素 x_c 的差分激励 $\xi(x_c)$ 是由该像素及其相邻像素计算得到，根据论文[41]，它是当前像素与其相邻像素的相对亮度差和当前像素的亮度之比的函数。当前像素与其相邻像素的相对亮度差使用通过一个滤波器计算得到：

$$v_s^{00} = \sum_{i=0}^{p-1} (\Delta x_i) = \sum_{i=0}^{p-1} (x_i - x_c) \tag{3.12}$$

其中 $x_i(i=0, 1, 2, \cdots, p-1)$ 表示像素 x_c 的第 i 个邻域像素，p 是相邻像素的数量（这里考虑了 3×3 相邻关系）。因此，当前像素的差分激励 $\xi(x_c)$ 计算如下：

$$\xi(x_c) = arctan\left[\frac{v_s^{00}}{x_c}\right] = arctan\left[\sum_{i=0}^{p-1}\left(\frac{x_i - x_c}{x_c}\right)\right] \tag{3.13}$$

方向是像素的梯度方向，它可由下式计算得到：

$$\theta(x_c) = \arctan\left(\frac{v_s^{11}}{v_s^{10}}\right) \tag{3.14}$$

其中 v_s^{11} 和 v_s^{10} 分别计算为：

$$v_s^{11} = x_5 - x_1 ,\ and\ v_s^{10} = x_7 - x_3 \qquad (3.15)$$

在计算每个像素 x_c 的梯度方向 $\theta(x_c)$ 和差分激励 $\xi(x_c)$ ）后，二维直方图可由下式计算得到：

$$WLD_{2D}(r,\ t) = \sum_{i=0}^{M-1} \sum_{j=0}^{N-1} \delta(\xi(x_{i,\ j}),\ r)\,\delta(\theta(x_{i,\ j}),\ t) \qquad (3.16)$$

其中

$$\delta(x,\ y) = \begin{cases} 1,\ x = y \\ 0,\ \text{ot? erwise} \end{cases}$$

式中 $M \times N$ 表示图像大小，$x_{i,\ j}$ 是图像中位置为 $(i,\ j)$ 的像素，$r = 0,\ 1,\ \cdots,\ R-1$，$t = 0,\ 1,\ \cdots,\ T-1$，T 是主要梯度方向，R 表示差分激励 *bins* 的数量。二维 WLD 直方图的构造过程如图 3.1 所示。

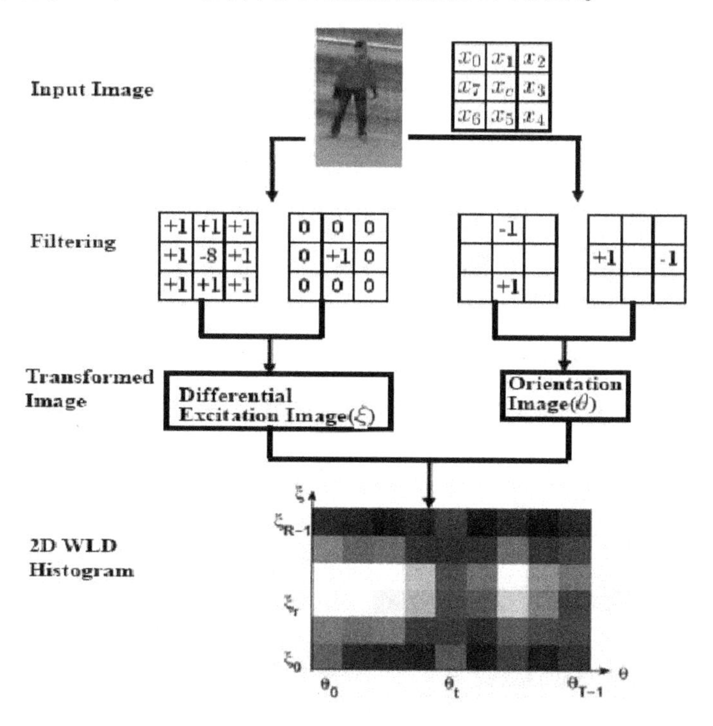

图 3.1　二维 WLD 直方图构造过程

2. 基于 QGWLD 的行人检测

众所周知，原始的 HOG 方法在灰度图像中的行人检测方面取得了巨大的成功。如果行人检测是在彩色图像中，则需要计算每个通道的单独梯度，并将具有范数最大的那个值作为像素的梯度向量。然而，如果分别从每个颜色通道中提取 HOG 特征或仅从灰度图像中提取 HOG 特征，则会忽略每个颜色通道分量之间的关系[29]。在本节中，利用四元数来表示每个彩色像素，然后可以得到一个四元数表示图，然后根据该图可以计算出彩色图像的四元数梯度（ QG_x 和 QG_y ）。然后在此之后，它们实部的梯度幅值图可由下式计算得到：

$$QG = |re(QG_x)| + |re(QG_y)| \tag{3.17}$$

然后，从梯度幅值图 QG 中提取出 WLD 的两个分量，即每个像素的差分激励 (ξ) 和方向 (θ) 。这里，从四元数梯度图 QG 中计算出的 WLD 特征称为 QGWLD 特征。如上所述，二维 QGWLD 梯度图可以由下式计算得到：

$$QGWLD_{2D}(r,\ t) = \sum_{i=0}^{M-1}\sum_{j=0}^{N-1}\delta(\xi(QG_{i,\,j}),\ r)\,\delta(\theta(QG_{i,\,j}),\ t) \tag{3.18}$$

为了减小行人检测算法的复杂度，类似于 Chen 等人提出的 WLD 方法，将二维 $QGWLD_{2D}$ 直方图简单编码为一维 $QGWLD_{1D}$ 直方图进行行人检测。编码过程如图 3.2 所示，给定 2D$QGWLD_{2D}$ 直方图，抽取每一行作为一个一维子直方图 $SH_r(r = 0,\ 1,\ ..,\ R-1)$ ，子直方图 SH_r 表示具有相似差分激励值的差分激励段。最后，将所有 R 个子直方图连接起来就构建出了一维 $QGWLD_{1D}$ 行人检测器。这样提取到的特征融合了 WLD 特征和四元数表示的优点，可用于解决彩色行人检测问题。

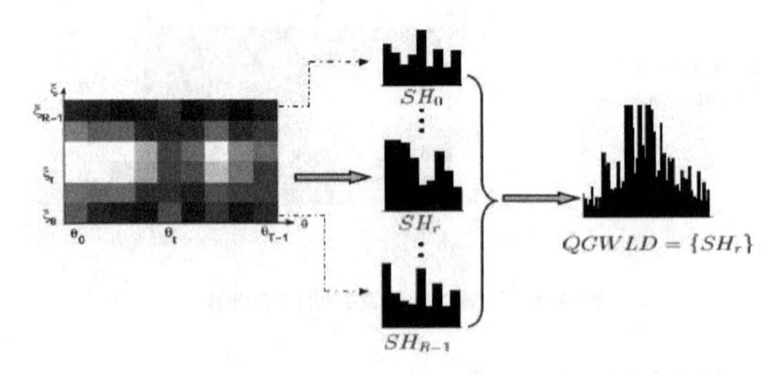

图 3.2　彩色图像的 QGWLD 行人检测器计算过程

在 WLD 方法[41]中，建议将差分激励 *bins* 的个数 R 设置为 $R=6$，近似模拟低频、中频或高频的方差。众所周知，给定图像的高频变化区域通常比低频的平坦区域更受关注。对于像素 $x_{i,j}$，其差分激励值 $\xi(x_{i,j})$ 可通过公式（3.13）得到。而文献[16]中的作者认为，如果 $\xi(x_{i,j}) \in \xi_0$ 或 ξ_5，则 $x_{i,j}$ 附近的变化是高频的；若 $\xi(x_{i,j}) \in \xi_1$ 或 ξ_4，则为中频；若 $\xi(x_{i,j}) \in \xi_2$ 或 ξ_3，则为低频。根据纹理分类实验中计算得到的不同权重对应着不同的差分激励，它们获得了更好的纹理分类性能。而且，他们还验证了在人脸检测中权重的有效性。Chen 等人提供的权重[41]如表 3.1 所示。在我们的实验中，用表 3.1 中相同的权重用于行人检测。图 3.3 显示了在两个数据集上带权重（*QGWLD－W*）和不带权重（*QGWLD*）的 *QGWLD* 检测方法的行人检测对比结果。从实验结果可以得出结论，*QGWLD－W* 的性能更好。在后面的实验中，*QGWLD－W* 被用作行人检测子，为了简单表示，采用术语 *QGWLD* 来代替 *QGWLD－W*。彩色图像处理的主要部分如图 3.4 的框图所示，其中彩色图像用 RGB 模型表示。

表 3.1　*QGWLD* 直方图权重表

	SH_0	SH_1	SH_2	SH_3	SH_4	SH_5
Weights	0.2688	0.0852	0.0955	0.1000	0.1018	0.3487

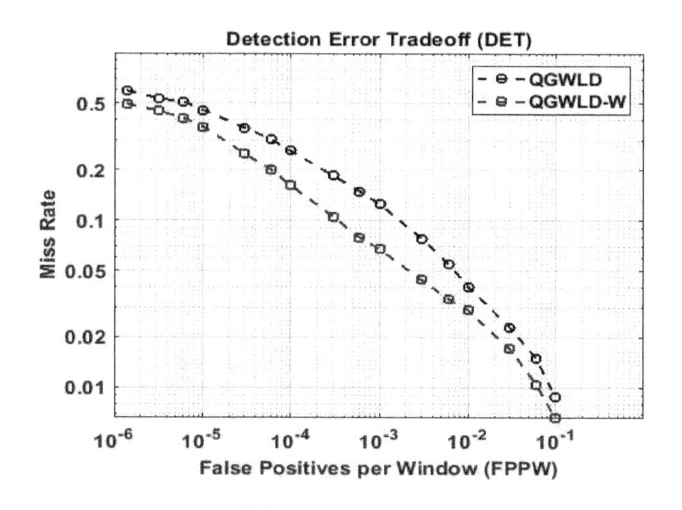

(a) INRIA database

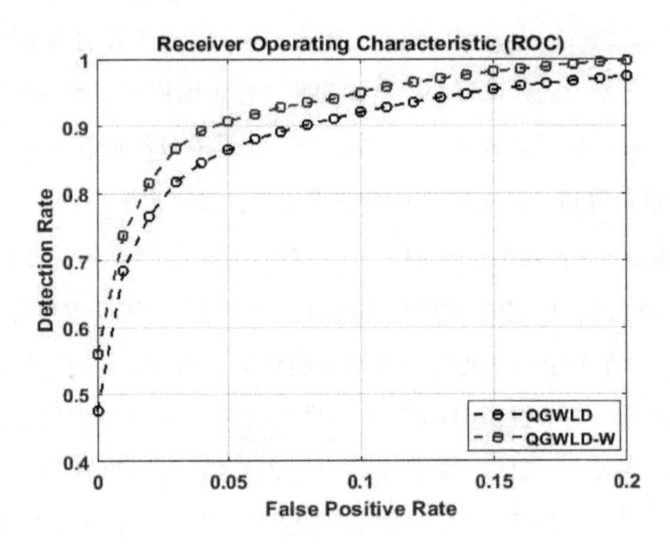

（b）PennFudanPed database

图 3.3　QGWLD-W 检测器（带权重）和 QGWLD 检测器（不带权重）在两个数据库上的对比结果

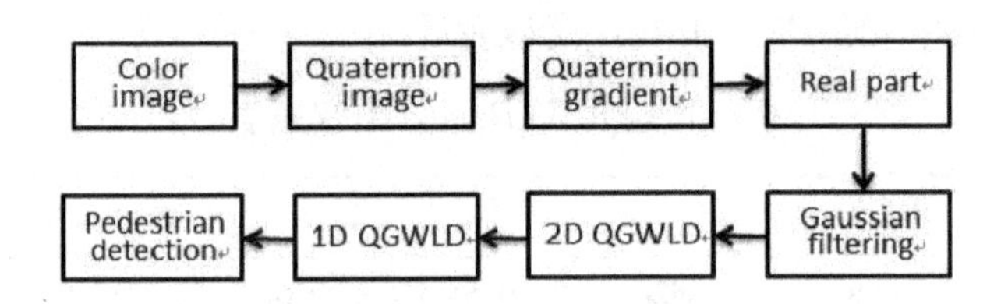

图 3.4　彩色图像行人检测处理框图

在行人检测主要的 HOG 方法中[29]，行人检测窗口被划分为小单元格，并从每个单元格中提取局部 HOG 直方图，然后将检测窗口中所有单元格的 HOG 直方图连接起来，最后使用连接的 HOG 直方图来表征当前窗口。受 HOG 方法[29]的启发，本章也采用同样的方式构造 *QGWLD* 直方图来表征行人检测的检测窗口。类似论文[29]提到，采用对比度归一化能有效减轻光照、阴影等的影响。在对比度归一化过程中，使用一个块（2×2 个单元）计算 *QGWLD* 直方图，直方图结果用于归一化所有块中的单元格。在检测窗口中，以扫描方式抽取块，这些块通常有一个或多个单元重叠，最后，通过连接所有块来刻画检测窗口，这就形成了所提出的行人检测器。

3.2.3 相似性度量

前人已经提出了许多基于直方图匹配的相似度度量方法。在之前的行人检测方法中，非线性内核分类器，如AdaBoost[43]或MPLBoost分类器[36]，它们在行人检测方面表现出了一些良好的性能。然而，这些分类器通常需要更多的时间来对行人示例进行分类，这在实际应用中是难以实现的。通过分析行人检测的相似性度量方法，发现支持向量机（SVM）方法是实时条件下的主流选择[44]，因为它能在对数计算时间或者是近似常数时间下就能完成。

基于以上分析，由于这项工作的目标是为了验证与类似行人检测器相比，所提出的行人检测器的有效性，因此，本章的相似性度量方法采用与类似行人检测器[27]、[29]、[31]相同的相似性度量方法。与文献[27]、[29]、[31]类似，所有比较实验都采用线性SVM分类器。

3.3 实验结果与分析

在本节中，为了验证所提出的*QGWLD*检测器对行人检测的有效性，进行了两组实验。实验在两个流行的彩色行人基准数据集上进行，即INRIA数据集[29]和PennFudanPed数据集[45]。对比实验是在所提出的*QGWLD*检测器与基于手工提取特征的相似行人检测器，如MWLD[27]、HOG[29]和HOG-LBP行人检测器[31]上进行的。

3.3.1 测试数据集

文献[29]中介绍了INRIA行人数据集是一个彩色行人数据集，具有变化表观、光照变化、关节姿势和复杂背景等多种多样的变化，这表明在这个数据集进行行人检测是比较困难的。INRIA行人数据集中，训练和测试的样本大小为128×64像素。与文献[45]类似，训练集由1237个正样本和

3891 个负样本组成，这些样本来自 INRIA 数据集中的训练集。用于实验的第一个测试集包含 589 个正样本和 453 个负样本，它们均来自 INRIA 数据集的测试集。第二个测试集有 423 个正样本，来自于 PennFudanPed 数据集，453 个负样本与第一个测试集相同，来自 INRIA 数据集的测试集。来自 PennFudanPed 数据集的 423 张正样本也被调整为 128×64 像素大小。表 3.2 对训练集和测试集进行了总结。部分样本图像如图 3.5 所示。在行人检测过程中，使用大小为 128×64 像素的滑动检测窗口扫描测试图像，检测窗口在图像上以 8 个像素的步长进行移动扫描。

表 3.2　训练集和测试集设置

	Training set	Test set #1	Test set #2
Positive samples	1237	589	423
Negative samples	3891	453	453

3.3.2　在 INRIA 数据集上的实验结果

在本实验中，采用 DET 曲线来评估实验结果，即利用漏检率 $\left(\frac{FalseNeg}{TruePos + FalseNeg}\right)$ 与每个窗口的假阳率（FPPW）来表征每窗口分类的结果准确性。正如前面的行人检测方法[27]中提到的那样，在我们的实验中，图像扫描窗口也被划分为小单元格，对于每个单元格，计算 *QGWLD* 直方图。然后对于窗口中的所有单元格，获得 *QGWLD* 直方图，最后连接成一个直方图来描述当前窗口。与文献[27]类似，也采用了 16×16 像素的单元大小。所提出的检测器融合了彩色图像的四元数表示和 WLD 特征的优点。与从灰度图像中提取的 WLD 特征相比，从彩色图像中提取的 *QGWLD* 特征表现更好。图 3.6 显示了它们的比较结果。此外，还进行更进一步的实验，将所提出的 QGWLD 行人检测器与 MWLD 行人检测器[27]、HOG 行人检测器[29]和 HOG-LBP 行人检测器[31]进行了比较。图 3.7 显示了与所提出的 *QGWLD* 行人检测方法相类似的其他行人检测方法的实验结果。从图中可以看出，所提出的 *QGWLD* 方法比其他类似的行人检测方法表现更好。在定量分析中，与 *HOG* 行人检测器相比，在 $FPPW = 10^{-4}$ 时检测率提高了 21.83%，同样与类似检测器 MWLD 行人检测器[27] 相比，在 $FPPW = 10^{-4}$ 时，使用所提出的 QGWLD 行人检测器的检测率提高了 6%。

图 3.5 用于实验的图像样本

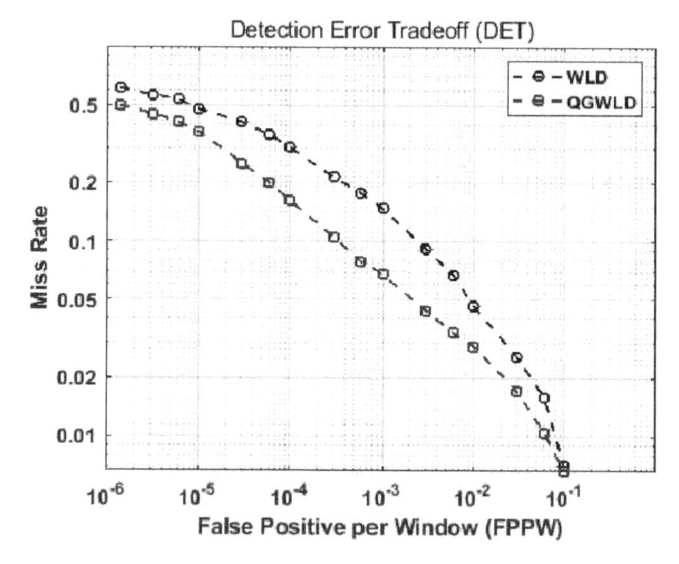

图 3.6 在 INRIA 数据集上 QGWLD 行人检测器与 WLD 检测器的实验结果对比

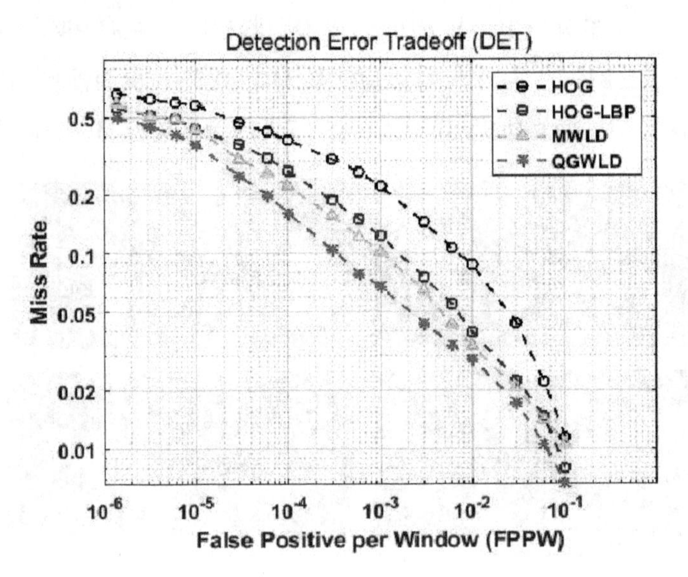

图 3.7 在 INRIA 数据集上 QGWLD 行人检测器与其他类似行人检测器的实验结果对比

3.3.3 在 PennFudanPed 数据集中的实验结果

在这部分展示了在 PennFudanPed 数据集上的实验结果，其中训练和测试数据集与文献[45]中的实验集相同。图 3.8 表明了 QGWLD 行人检测器的性能也优于 WLD 检测器。此外，图 3.9 展示了在 PennFudanPed 数据集上所提出的 QGWLD 行人检测器与 MWLD 检测器[27]、HOG 检测器[29]和 HOG-LBP 检测器[31]之间的性能比较。从该图中可以得出结论，所提出的 QGWLD 行人检测器仍然优于 MWLD 方法、HOG 方法和 HOG-LBP 方法。在定量分析中，所提出的 QGWLD 行人检测器在测试集上 $FPR = 0.05$ 时的检测率达到了 90.67%，而 HOG 方法、HOG-LBP 方法和 MWLD 方法的检测率分别达到了 73.42%、83.05% 和 85.77%。也就是说，所提出的 QGWLD 行人检测方法的检测率比 HOG 方法、HOG-LBP 方法和 MWLD 方法的检测率分别提高了 17.25%、7.62% 和 4.9%。

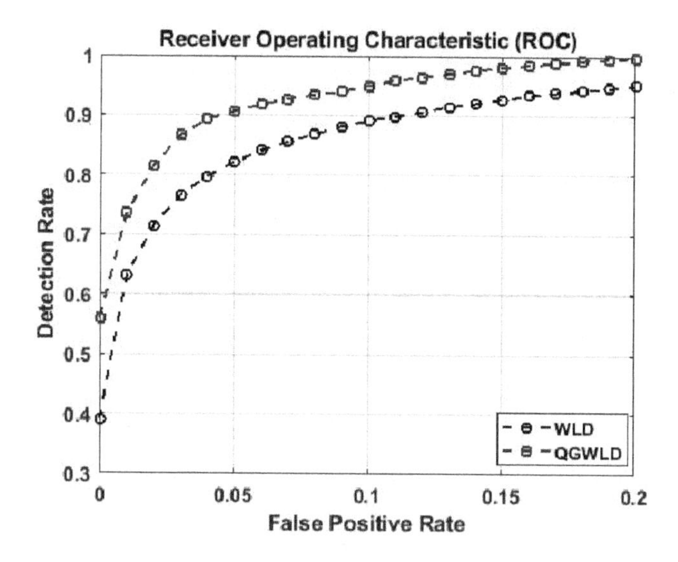

图 3.8 QGWLD 检测器与 WLD 检测器在 PennFudanPed 数据集上的实验结果对比

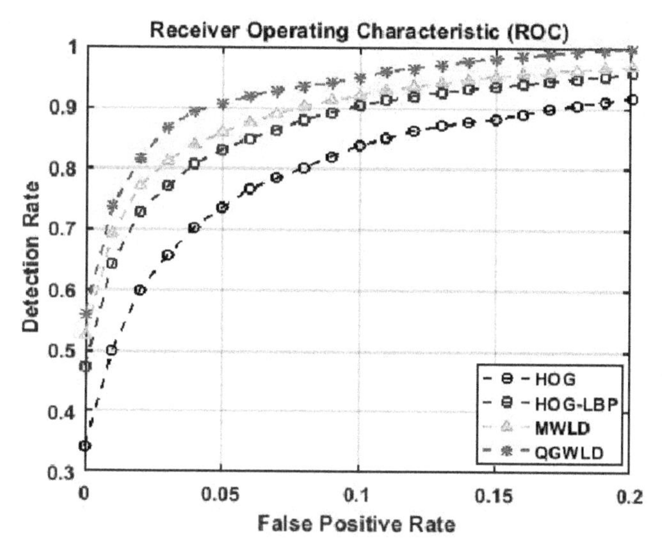

图 3.9 QGWLD 检测器与其他 WLD 检测器在 PennFudanPed 数据集上的实验结果对比

3.3.4 运行时间对比

在 INRIA 数据集上进行了更进一步的实验，用来比较所提出的 QGWLD 行人检测方法与其他方法的执行时间。所有实验均在 3.5GHz 的

Intel Core i7 CPU 和 NVIDIA Titan GPU 上进行。由于一些方法在很大程度上依赖于硬件配置和程序工作环境，因此很难客观地比较它们的计算复杂度。在测试过程中，根据每张图像的平均计算时间来比较这些行人检测方法之间的速度性能。表 3.3 显示了它们的性能比较结果，包括执行时间、对数平均未命中率和硬件规格。从表 3.3 可以看出，所提出方法的检测性能略逊于其他方法，但它们的差距是可以接受的，然而，所提出的 QGWLD 行人检测方法的执行时间是相当具有竞争力的，并且它也不需要额外的 GPU 硬件的支持。因此，所提出的方法可用于快速实时的行人检测应用。

表 3.3　对数平均未命中率 [%] 和平均计算时间 [ms] 的比较

Method	Log-average miss rate (%)	Computation time (ms)	GPU
MS-CNN[39]	6.21	497	O
SA-FastRCNN[15]	5.85	995	O
DSBF[7]	10.39	420	X
DLSF[8]	10.59	126	X
Proposed QGWLD	16.24	26	X

3.4　本章小结

本章提出了一种有效且高效的彩色图像行人检测特征描述子，它融合了颜色和纹理信息的优点。在颜色信息方面，利用了彩色图像的四元数表示，它能将所有颜色分量以一个整体的方式来刻画彩色行人目标，并且 WLD 特征在行人检测方面取得了巨大成功，受这两方面的启发，我们构建了基于四元数梯度的 Weber 局部描述符（QGWLD），用于彩色图像的行人检测。在两个主要的彩色行人数据集 INRIA 数据集和 PennFudanPed 数据集上分别进行了两组实验。实验结果验证了所提出的 QGWLD 行人检测器的有效性。与类似的行人检测器相比，所提出的 QGWLD 行人检测器性能更好。

在真实世界条件，实时的行人检测过程中如何提取出有效和高效的特征仍然是一个具有挑战性的课题。在所提出的 QGWLD 方法中，运行时间相当具有竞争力，而且不需要额外的 GPU 硬件的支持，这适合实时行人检测的应用。然而，与其他基于深度学习模型（CNN）的行人检测方法相比，所提出的 QGWLD 方法的检测性能略差。在未来的研究中，将进一步探索真实条件下实时行人检测的有效特征提取方法，同时探索实时检测和准确性之间的权衡，例如，将有效的手工提取特征与 CNN 特征结合的方法。此外，在本章中，仅考虑了 RGB 颜色空间比较实验，更多的研究可以尝试在其他色彩空间中进行探索，例如 HSV、HIS、Lab 等。

参考文献

[1] Y. Yuan, X. Lu, and X. Chen, "Multi-spectral pedestrian detection," Sig. Process, vol. 110, pp. 94-100, 2015.

[2] N. K. Ragesh and R. Rajesh, "Pedestrian Detection in Automotive Safety: Understanding State-of-the-Art," IEEE Access, pp. 47864-47890, 2019.

[3] S. Alfasly, B. Liu, Y. Hu, Y. Wang, and C. Li, "Auto-zooming CNN-based framework for real-time pedestrian detection in outdoor surveillance videos," IEEE Access, vol. 7, pp. 105816-105826, 2019.

[4] P. Doll ar, C. Wojek, B. Schiele, and P. Perona, "Pedestrian detection: an evaluation of the state of the art", IEEE Trans. Pattern Anal. Mach. Intell. Vol. 34, pp. 743-761, 2011.

[5] R. Benenson, M. Omran, J. Hosang, and B. Schiele, "Ten years of pedestrian detection, what have we learned?" in: Proceedings of the European Conference on Computer Vision, 2014, pp. 613-627.

[6] S. Zhang, R. Benenson, M. Omran, J. Hosang, and B. Schiele, "Towards reaching human performance in pedestrian detection," IEEE Trans.

Pattern Anal. Mach. Intell., vol. 40 (4), pp. 973-986, 2018.

[7] H. Kim and D. Kim, "Robust pedestrian detection under deformation using simple boosted features," Image and Vision Computing, vol. 61, pp. 1-11, 2017.

[8] C. Zhu and Y. Peng, "Discriminative latent semantic feature learning for pedestrian detection," Neurocomputing, vol. 238, pp. 126-138, 2017.

[9] R. Girshick, J. Donahue, T. Darrell, and J. Malik, "Rich feature hierarchies for accurate object detection and semantic segmentation," in: Proceedings of the IEEE Conference on Computer Vision and Pattern Recognition, 2014, pp. 580-587.

[10] K. He, X. Zhang, S. Ren, and J. Sun, "Spatial pyramid pooling in deep convolutional networks for visual recognition," IEEE Trans. Pattern Anal. Mach. Intell., vol. 37 (9), pp. 1904-1916, 2015.

[11] R. Girshick, "Fast r-cnn," in: Proceedings of the IEEE International Conference on Computer Vision, 2015, pp. 1440-1448.

[12] S. Ren, K. He, R. Girshick, and J. Sun, "Faster r-cnn: Towards real-time object detection with region proposal networks," in: Advances in neural Information Processing Systems, 2015, pp. 91-99.

[13] J. Redmon, S. K. Divvala, R. B. Girshick, and A. Farhadi, "You only look once: Unified, real-time object detection," in: Proceedings of the IEEE Conference on Computer Vision and Pattern Recognition, 2016, pp. 779-788.

[14] W. Liu, D. Anguelov, D. Erhan, C. Szegedy, S. Reed, C. -Y. Fu, and A. C. Berg, "SSD: single shot multibox detector," in: Proceedings of the European Conference on Computer Vision, 2016, pp. 21-37.

[15] J. Li, X. Liang, S. Shen, T. Xu, J. Feng and S. Yan," Scale-Aware Fast R-CNN for Pedestrian Detection," IEEE Transactions on Multimedia, vol. 20, no. 4, pp. 985-996, 2018.

[16] Q. Hu, P. Wang, C. Shen, A. van den Hengel, and F. Porikli,

"Pushing the limits of deep CNNS for pedestrian detection," IEEE Trans. Circ. Syst. Video Technol., vol. 28 (6), pp. 1358-1368, 2018.

[17] C. Lin, J. Lu, G. Wang, and J. Zhou, "Graininess-aware deep feature learning for pedestrian detection," in: Proceedings of the European Conference on Computer Vision, 2018, pp. 745-761.

[18] J. Mao, T. Xiao, Y. Jiang, and Z. Cao, "What can help pedestrian detection?" in: Proceedings of the IEEE Conference on Computer Vision and Pattern Recognition, 2017, pp. 3127-3136.

[19] G. Brazil, X. Yin, and X. Liu, "Illuminating pedestrians via simultaneous detection & segmentation," in: Proceedings of the IEEE International Conference on Computer Vision, 2017, pp. 4950-4959.

[20] Y. Tian, P. Luo, X. Wang, and X. Tang, "Pedestrian detection aided by deep learning semantic tasks", International Conference on Computer Vision, 2015, pp. 1904-1912.

[21] X. Zhang, S. Cao, and C. Chen, "Scale-aware hierarchical detection network for pedestrian detection", IEEE Access, vol. 8, pp. 94429-94439, 2020.

[22] C. Fei, B. Liu, Z. Chen, and N. Yu, "Learning pixel-level and instance-level context-aware features for pedestrian detection in crowds", IEEE Access, vol. 7, pp. 94944-94852, 2019.

[23] C. Papageorgiou and T. Poggio, "A trainable system for object detection," International Journal of Computer Vision, vol. 38 (1), pp. 15-33, 2000.

[24] J. Vourvoulakis, J. Kalomiros and J. Lygouras, "Fully pipelined FPGA-based architecture for real-time SIFT extraction," Microprocessors Microsystems, vol. 40, pp. 53-73, 2016.

[25] D. Gavrila, "A Bayesian exemplar-based approach to hierarchical shape matching," IEEE Trans. Pattern Anal. Mach. Intell., vol. 29 (8), pp. 1408-1421, 2007.

[26] O. Tuzel, F. Porikli and P. Meer, "Pedestrian detection via classification on Rie-mannian manifolds," IEEE Trans. Pattern Anal. Mach. Intell., vol. 30 (10), pp. 1713-1727, 2008.

[27] G. Lian, J. Lai and Y. Yuan, "Fast pedestrian detection using a modified WLD detector in salient region," International Conference on System Science and Engineering, 2011, pp. 564-569.

[28] W. Gao, H. Ai and S. Lao, "Adaptive contour features in oriented granular space for human detection and segmentation," Proc. IEEE Int. Conf. Comput. Vis. Pattern Recognit., 2009, pp. 1786-1793.

[29] N. Dalal and B. Triggs, "Histograms of oriented gradients for human detection," Proc. IEEE Conf. Comput. Vision Pattern Recog., 2005, pp. 886-893.

[30] S. Walk, N. Majer, K. Schindler, and B. Schiele, "New features and insights for pedestrian detection," IEEE International Conference on Computer Vision and Pattern Recognition, 2010.

[31] X. Wang, T. X. Han, and S. Yan, "An HOG-LBP human detector with partial occlusion handling," IEEE International Conference on Computer Vision, 2009, pp. 1-8.

[32] W. R. Schwartz, A. Kambhavi, D. Harwood, and L. S. Davis, "Human detection using partial least squares analysis," IEEE International Conference on Computer Vision, 2009.

[33] X. Wang, T. X. Han, and S. Yan, "An hog-lbp human detector with partial occlusion handling," in: ICCV, 2009, pp. 32-39.

[34] N. Dalal, B. Triggs, and C. Schmid, "Human detection using oriented histograms of flow and appearance," in: ECCV, 2006, pp. 428-441.

[35] P. F. Felzenszwalb, D. A. McAllester, and D. Ramanan, "A discriminatively trained, multiscale, deformable part model," in: CVPR, 2008, pp. 1-8.

[36] C. Wojek, S. Walk, B. Schiele, Multi-cue onboard pedestrian detec-

tion, in: CVPR, 2009, pp. 794-801.

[37] F. B. Tesema, H. Wu, M. Chen, J. Lin, W. Zhu, and K. Huang, "Hybrid channel based pedestrian detection," Neurocomputing, vol. 389, pp. 1-8, 2020.

[38] P. Dollár, Z. Tu, P. Perona, S. Belongie, "Integral channel features," in: BMVC, 2009, pp. 1-11.

[39] S. Walk, N. Majer, K. Schindler, and B. Schiele, "New features and insights for pedestrian detection," in: CVPR, 2010, pp. 1030-1037.

[40] W. R. Schwartz, A. Kambhavi, D. Harwood, and L. S. Davis, "Human detection using partial least squares analysis," IEEE International Conference on Computer Vision, 2009.

[41] Z. Cai, Q. Fan, R. Feris, and N. Vasconcelos, "A Unified Multi-scale Deep Convolutional Neural Network for Fast Object Detection," European Conference on Computer Vision, 2016, pp. 354-370.

[42] J. Li, X. Liang, S. Shen, T. Xu, J. Feng, and S. Yan," Scale-Aware Fast R-CNN for Pedestrian Detection," IEEE Transactions on Multimedia, vol. 20 (4), pp. 985-996, 2018.

[43] W. Hamilton, "Elements of quaternions," London, U. K.: Longmans Green, 1866.

[44] J. Chen, S. Shan, C. He, G. Zhao, M. i Pietikäinen, X. Chen, and W. Gao," WLD: A Robust Local Image Descriptor," IEEE Transactions on Pattern Analysis and Machine Intelligence, vol. 32 (9), pp. 1705-1720, 2010.

[45] A. M. Grigoryan, S. S. Agaian, "Retolling of color imaging in the quaternion algebra," Applied Mathematics and Sciences: An International Journal (MathSJ), vol. 1 (3), pp. 23-39, 2014.

[46] P. Sabzmeydani, and G. Mori, "Detecting pedestrians by learning shapelet features," in: IEEE International Conference on Computer Vision and Pattern Recognition, 2007.

[47] C. Wojek, S. Walk, and B. Schiele, "Multi-cue onboard pedestrian detection," in: IEEE International Conference on Computer Vision and Pattern Recognition, 2009.

[48] S. Maji, A. C. Berg, and J. Malik, "Classification using intersection kernel support vector machines is efficient," in: IEEE International Conference on Computer Vision and Pattern Recognition, 2008, pp. 1-8.

[49] L. Wang, J. Shi, G. Song, and I. Shen, "Object detection combining recognition and segmentation," in: The Asian Conference on Computer Vision, 2007, pp. 189-199.

基于显著性区域的快速行人检测研究

4.1 引言

对许多视频监控系统而言，行人一般是监控系统的主要对象。执行多摄像机协同的行人目标跟踪以实现行人在摄像机网络中的连续监控和跟踪的前提是要在摄像机中检测到行人。本章将介绍一种快速有效的行人检测方法。该方法使用改进的 Weber 局部描述子（MWLD）作为行人检测的特征。行人检测的过程主要分为两个阶段：显著性区域检测阶段和行人检测阶段。在显著性区域检测阶段，通过采用一种完全分辨率显著的输出[1]来检测图像的显著性区域。这种显著图检测方法简单、计算复杂度低而且能输出与原图的分辨率相同的显著图。在行人检测阶段，使用提出的改进 Weber 局部描述子（MWLD）在显著性区域上进行行人的检测。

近年来，由于行人检测在实际应用中的需求越来越多，例如视频监控、辅助驾驶系统等，所以行人检测的研究吸引了越来越多的关注[2-4]。然而，由于行人的姿势、身体的形变性、表观及光照条件的变化，在图像或视频中正确地检测出行人是一项具有挑战性的工作。

最近几年，大量的行人检测系统和行人检测子已经被提出来。在这些方法中，不同的作者提出了不同的特征来用于行人检测。Papageorgiou 和 Poggio[5]使用 Haar 特征和多项式支持向量机（SVM）来检测行人。2005年，Dalal 和 Triggs[6]提出的基于方向梯度直方图（HOG）和线性 SVM 的行人检测方法获得了巨大的成功。该方法具有非常好的行人检测结果，以致于重新激起了研究者对行人检测研究的兴趣。他们的实验结果表明，使用 HOG 特征的行人检测性能要优于 Haar 小波、PCA-SIFT 特征。以 HOG 特征为基础，研究者提出了许多行人检测方法[7-12]。虽然这些方法在一些特定的行人数据库上取得了较好的性能，但在实际应用中，由于行人的形变性、场景的复杂条件（光照变化、遮挡、阴影等），完全可靠的行人检测仍然需要进一步研究。对行人检测而言，一个更有鉴别力和鲁棒性的描述子有助于提高其性能。目前在图像中检测行人最简单、最流行的技术是滑动窗口技术，滑动窗口技术是用不同尺度大小的窗口从图像左上角到右下角对整个图像进行扫描以确定哪个窗口是否存在行人。但是滑动窗口技术的计算费用太高而难以满足实时处理要求[6,13,14]。

由于滑动窗口技术的缺陷，本章首先提出了一个由粗到精的策略去加快行人检测的速度。在粗糙阶段，我们通过显著性区域检测找出图像中的显著性区域[1]，这些显著性区域就很可能包含行人。然后在精细阶段，我们只需要在这些可能包含行人的显著性区域上滑动窗口以确定窗口中是否存在行人。其次，我们提出了一个改进的 Weber 局部描述子（MWLD）作为行人检测的特征。实验结果表明，与以前的将滑动窗口在整个图像上从左上角到右下角完全扫描的行人检测方法不同，基于显著性区域的行人检测方法大大地加快了行人检测的处理速度。提出的改进 Weber 局部描述子特征比方向梯度直方图特征或多个特征的组合能更有效地刻画出行人，也获得了更好的行人检测性能。

4.2 显著性区域检测

视觉显著性是感知特性，它使得一个目标或行人明显区别于周围的场景并且能很容易地引起我们的注意。到目前为止，已经提出了许多关于图像中显著性区域的检测方法[1,25-28]。然而大多数方法生成的显著图比原图具有更低的分辨率[25-27]。例如，Itti 等人[25]提出的方法生成的显著图只有原图分辨率的 1/256。另一种方法是对任何尺度的输入图像来说，利用输入图像的傅立叶相位谱生成显著图[26,27]，得到的显著图大小为 64×64 个像素。虽然 Rahtu 等人[28]提出的显著目标分割方法能输出与输入图像相同大小的显著图，但是他们的方法是基于一个滑动窗口在图像上扫描，通过窗口内部和窗口外部的特征分布比较来确定图像的显著性。由于他们的方法是基于滑动窗口，计算费用较高，难以满足我们的要求。因此，我们采用了 Achanta 等人[1]提出的显著性区域检测方法，该方法能产生与输入图像具有相同分辨率的显著图，并且计算过程非常简单。

对于宽度为 W，高度为 H 的图像 I 而言，其显著图 S 可由下式获得：

$$S(x, y) = \| I_{\mu} - I_{\omega_{h_c}}(x, y) \| \tag{4.1}$$

其中 I 代表图像特征向量的均值，$I_{\omega}hc$（x，y）是原始图像通过 5×5 高斯核平滑后的对应像素处的特征向量值，‖ · ‖ 是 L_2 范数。这里采用的图像特征向量为 Lab 颜色空间中的颜色向量，即每一个像素位置上的特征向量为［L，a，b］T 并且 L_2 范数就是欧氏距离。

4.3 基于显著性区域和 MWLD 的快速行人检测

在行人检测中，所选用的特征大大地影响着行人检测的性能。Chen 等人[15]提出将 Weber 局部描述子（WLD）用于纹理分类及人脸检测并获得了较好的效果。他们的实验结果表明，Weber 局部描述子是一个简单、描述能力强并且鲁棒性的局部描述子，并且与其他广泛使用的描述子（如 Gabor，SIFT 及 LBP）比较，Weber 局部描述子具有更好的性能。受 Chen 等人[15]提出的 Weber 局部描述子（WLD）的启发，结合行人检测所具有的特性，在本章中，我们提出了改进的 Weber 局部描述子并利用改进的 Weber 局部描述子作为行人检测的特征。

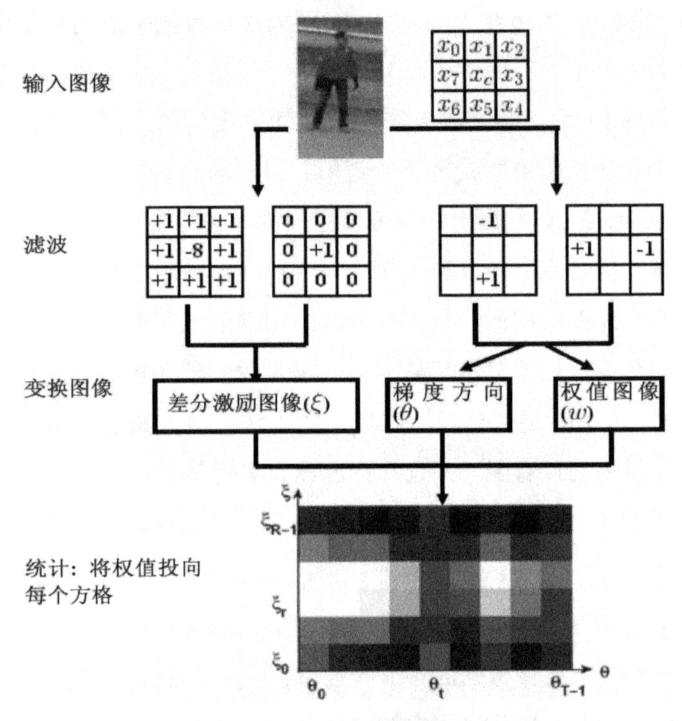

图 4.1　二维 MWLD 检测子的计算过程

4.3.1　改进的 Weber 局部描述子及行人检测

这一小节，详细介绍提出的改进 Weber 局部描述子（MWLD），并利用它作为特征去执行行人检测。

在第三章，我们介绍了 Weber 局部描述子的计算过程，通过公式可以计算得到整个图像上每个像素的差分激励 $\xi(x_c)$ 和梯度方向 $\theta(x_c)$ 。不同于原始的 Weber 局部描述子计算，我们提出的改进 Weber 局部描述子计算二维直方图的方法如下：

$$MWLD_{2D}(r,\ t)=\sum_{i=0}^{M-1}\sum_{j=0}^{N-1}w(x_{i,\ j})\delta(\xi(x_{i,\ j}),\ r)\delta(\theta(x_{i,\ j}),\ t) \tag{4.2}$$

其中

$$w(x_{i,\ j})=\sqrt{(v_s^{11})^2+(v_s^{10})^2} \tag{4.3}$$

$$\delta(x,\ y)=\begin{cases}1, & x=y\\ 0, & \text{otherwise}\end{cases} \tag{4.4}$$

这里M×N 代表整个图像的大小，$r=0,\ 1,\ \cdots,\ R-1$，$t=0,\ 1,\ \cdots,\ T-1$，R 是量化差分激励后的数目，T 是主要方向的数目。类似于 Dalal 和 Triggs[6]提出的 HOG 特征行人检测方法，我们将主要方向的数目设置为T=9，差分激励的量化数目 R 的设置将在后面给予详细的介绍。改进的二维 Weber 局部描述子计算过程如图 4.1 所示。对图像上的每一个像素 $x_{i,\ j}$，我们计算该像素的差分激励 $\xi(x_{i,\ j})$ 、梯度方向 $\theta(x_{i,\ j})$ 及权值 $w(x_{i,\ j})$ 。然后基于这三个成分，对整个图像上的所有像素建立一个二维直方图，如公式（4.2）所示。

为了减少计算的复杂性，我们利用一个简单的方法将改进的二维 Weber 局部描述子 WLD_{2D} 编码成一维的直方图 $MWLD_{1D}$ 用于行人检测。如图 4.2 所示，给定一个改进的二维 Weber 局部描述子 $MWLD_{2D}$ ，我们抽取这个二维直方图的每一行形成一个一维的子直方图 $SH_r(r=0,\ 1,\ \cdots,\ R-1)$ 。每一个子直方图 SH_r 对应于一个差分激励片段，在这个差分激励片段里，差分激励值是相似的。然后将这 R 个子直方图串联，就得到一维改进的 Weber 局部描述子 $MWLD_{1D}$ 。

类似于 Chen 等人[15]提出的 Weber 局部描述子方法，为了近似模拟给定图像的高频、中频及低频的变化，我们设置 R=6，也就是，对一个像素 $x_{i,\ j}$ ，如果 $\xi(x_{i,\ j})\in\xi_0$ 或 ξ_5，则 $x_{i,\ j}$ 附近的变化就属于高频，如果 $\xi(x_{i,\ j})\in\xi_1$ 或 ξ_4，或者 $\xi(x_{i,\ j})\in\xi_2$ 或 ξ_3，则 $x_{i,\ j}$ 附近的变化就分别属于中频或者低频。此外，图像中变化较大的区域比平坦的区域更能引起我们的注意。因此，对不同激励差分片段 SH_r 分配不同的权值能获得更好的性能。幸运的是，Chen 等人[15]通过在纹理数据库上的纹理分类实验获得了表 4.1 的权值，而且他们的实验也表明这些权值对人脸检测也是有用的。同样采用这些权值，我们的行人检测实验结果也验证了在行人检测上也有较好的效果。图 4.3 给出了采用权值和没有采用权值的比较结果。在本章后面所给出的结果中，MWLD 的结果都是指采用权值的结果。

与 Dalal 和 Triggs[6] 提出的基于方向梯度直方图的行人检测方法类似，为了利用改进的 Weber 局部描述子去检测行人，我们将图像窗口分成较小的单元。对每个单元，我们计算该单元的一个改进 Weber 局部描述子 $MWLD_{1D}$ 直方图。然后不同单元上的 $MWLD_{1D}$ 直方图串联起来用于描述当前的滑动窗口。为了获得对光照、阴影等的不变性，我们使用了局部区域的对比度归一化。这个归一化过程是通过在一个块（通常是 2×2 个单元）上累积 $MWLD_{1D}$ 直方图作为一个量度，然后利用这个结果归一化组成这个块的所有单元。块与块之间可以有一个或多个单元的重叠，这样，在通过串联所有的块形成的最后描述子中，每个单元就会被多次使用（具有不同的归一化）。相对于所有的单个单元形成的描述子，按上述方法形成的描述子在更大的尺度上具有一定的对比度不变性。

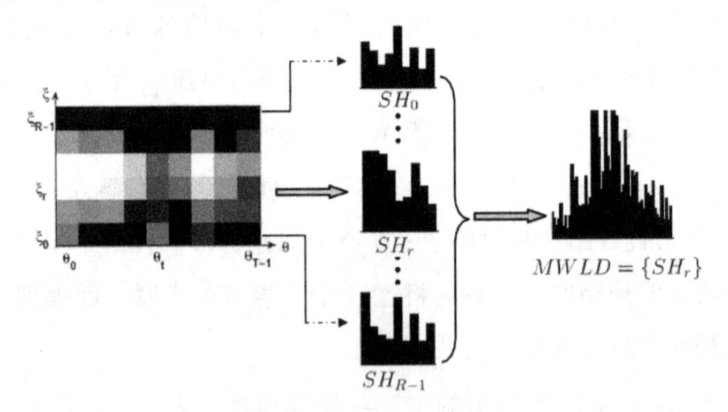

图 4.2 给定一个图像的改进 Weber 局部描述子的计算过程

表 4.1 改进的 Weber 局部描述子各个片段上的权值

	SH_0	SH_1	SH_2	SH_3	SH_4	SH_5
权值（ω_r）	0.2688	0.0852	0.0955	0.1000	0.1018	0.3487

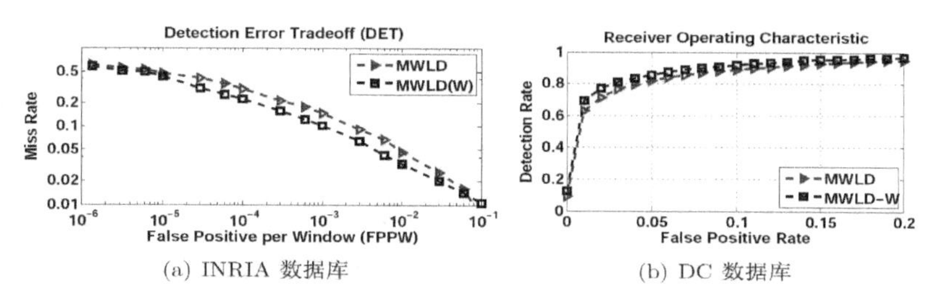

(a) INRIA 数据库　　(b) DC 数据库

图 4.3 采用权值和没有采用权值的比较结果

4.3.2 基于支持向量机（SVM）的分类

支持向量机（SVM）是基于统计学习和最优化理论，以结构风险最小化为准则的机器学习技术，它的目标是在样本空间中找出最优分类超平面，使得各类样本之间的间隔（margin）最大化。支持向量机具有良好的推广能力，近年来支持向量机（SVM）[17-21]已成为目标识别中非常主流的分类器，这是因为支持向量机具有优越的性能，相对较容易使用以及能够从较大的特征集合中自动地选择相关的特征。对于两类分类问题（滑动窗口中是人与非人），支持向量机（SVM）是一种较好的分类方法。

在过去几十年，支持向量机广泛应用于目标识别。支持向量机是对输入特征进行训练，然后通过最大化目标类与非目标类之间的分类间隔去找到一个分割超平面。如果间隔越大，得到的分类器也越好。Ronfard 等人[22]根据一阶和二阶图像梯度提出基于支持向量机（SVM）和相关向量机（RVM）的肢体检测子，但最后的分类器是基于肢体检测集合上的动态规划方法。Dorko′和 Schmid[23]在兴趣点上利用基于支持向量机的分类器作为总体目标识别的中间部分检测子。Dalal 和 Triggs[6]及 Wang 等人[10]利用支持向量机对行人检测过程中滑动窗口中是否存在行人进行分类。

由于线性 SVM 具有良好的性能及较高的计算效率，因此，线性 SVM 仍然是行人检测中分类器的较佳选择。在 Dalal 和 Triggs[6]提出的基于方向梯度直方图的行人检测中，使用线性 SVM 获得较理想的检测结果。虽然已经提出的其他非线性核分类器，如 AdaBoost 分类器[14,24]和 MPLBoost 分类器[7]，能够带来行人检测性能的一些提高，但通常分类一个样本所要求的时间是支持向量数目的线性时间，因此，在实际中这是难以处理的。然而也有一个例外，那就是 Maji 等人[9]提出的直方图相交核 SVM（IKSVM）分类器，它分类一个样本所要求的时间是支持向量数目的对数时间或者近似常数时间。更重要的是，它的分类性能总是要好于线性核 SVM 分类器。然而，本章的目的是验证所提出的改进 Weber 局部描述子（MWLD）用于行人检测上的有效性，而对分类器的选择不作过多关注。因此，为了跟 Dalal 和 Triggs[6]提出的方向梯度直方图（HOG）方法及 Wang 等人[10]提出的组合方向梯度直方图和局部二值模式（HOG-LBP）方法进行比较，在实验中，与他们所采用的线性核支持向量机（SVM）一样，我们也采用线性核支持向量机（SVM）作为行人检测的分类器。

4.3.3 基于显著性区域的快速行人检测

在获得一个与输入图像具有相同分辨率的显著图后，用于行人检测的滑动窗口只需要在图像的显著性区域上扫描以确定哪个窗口是否包含行人。由于滑动窗口只在图像的显著性区域上扫描，而不是整个图像上，所以基于显著性区域的行人检测方法能加快行人检测的处理速度。图 4.4 给出了基于显著性区域进行快速行人检测的一个例子。在这个例子中，原始图像的大小为 910×1280 个像素，它是一幅彩色图像，如图 4.4（a）所示。图 4.4（b）给出了这幅图像的显著图。在对显著图进行二值化后，我们获得了该图像的显著性区域，即图 4.4（c）中方框所框起的区域。这个显著性区域的大小为 667×684 个像素。然后，用于行人检测的滑动窗口只扫描这个显著性区域，即只扫描图 4.4（d）所示的方框所框住的区域。我们测试了基于整幅图像和基于显著性区域两种行人检测方法的计算时间。实验结果是在 2.4GHz Intel Core 2 Duo 处理器及 1.0GB RAM 环境下，执行 matlab 代码而获得的。在这个例子中，扫描整幅图像进行行人检测所花的时间是 70.58 秒，而只扫描显著性区域处的图像区域，进行行人检测所花的计算时间只有 21.77 秒。

(a) 原始图像

(b) 显著图

(c) 二值图像

(d) 检测区域

(e) 检测到的行人

图 4.4 基于显著性区域进行快速行人检测的一个例子

4.4 实验结果与分析

为了验证提出的改进 Weber 局部描述子（MWLD）用于行人检测上的有效性，我们在 INRIA 行人数据库[6]和 Daimler Chrysler（DC）行人标准数据库[29]上做了一些实验。

4.4.1 INRIA 数据库上的结果评价

Dalal 和 Triggs[6]介绍的 INRIA 行人数据库具有相当的挑战性，因为数据库中行人的姿势变化、表观/衣服变化、光照条件的改变都很大，而且场景背景也比较复杂。对支持向量机（SVM）的训练，我们采用 Chang 和 Lin[30]给出的 LIBSVM 库。每个窗口分类准确性的结果由传统的检测错误平衡（DET）曲线在“对数-对数”尺度上给出。

我们对改进的 Weber 局部描述子（MWLD）在不同的单元大小（8×8，16×16，32×32 个像素）上进行实验，以获得不同的单元大小对描述子的性能影响。在 INRIA 行人数据库中，我们使用线性支持向量机（SVM）去进行训练和分类。图 4.5 给出了在不同单元大小上，改进的 Weber 局部描述子

（MWLD）的比较结果。图4.5（a）和（b）分别为不采用权值和采用权值情况下的结果。实验结果表明，单元大小为16×16个像素的结果不论是在采用权值还是在没有采用权值的情况下都要表现得最好。这主要是因为具有8×8个像素大小单元的改进Weber局部描述子（MWLD）的特征维数太大，这就会导致稀疏且不稳定的直方图特征，而具有32×32个像素大小单元的特征维数又太小，它不能为行人检测提供足够的鉴别信息。

我们提出的行人检测子MWLD方法与Dalal和Triggs[6]提出的HOG方法及Wang等人[10]提出的HOG-LBP方法相近。图4.6给出了这三种方法的比较结果。从图中可以看出，我们提出的改进Weber局部描述子（MWLD）方法要明显优于HOG方法[6]和HOG-LBP方法[10]。在每个窗口的虚警率为10^{-4}处，提出的改进Weber局部描述子（MWLD）方法获得的检测率（=1-漏检率）比HOG方法[6]的检测率要高15.73%，就算与目前较好的HOG-LBP方法[10]相比，我们的MWLD方法的检测率也要高0.36%。

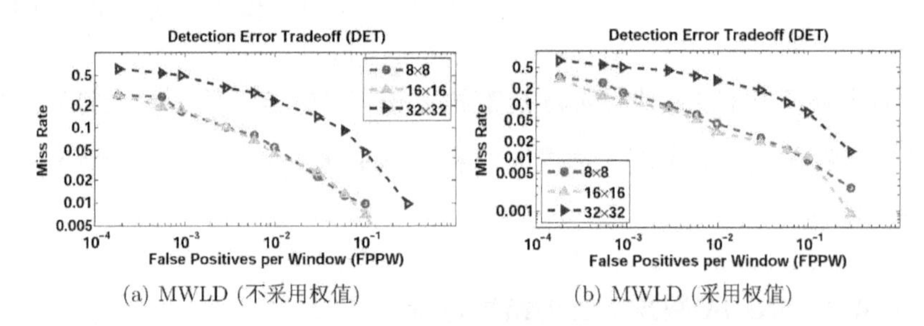

(a) MWLD (不采用权值)　　(b) MWLD (采用权值)

图4.5　改进的Weber局部描述子（MWLD）在不同单元大小上的比较结果

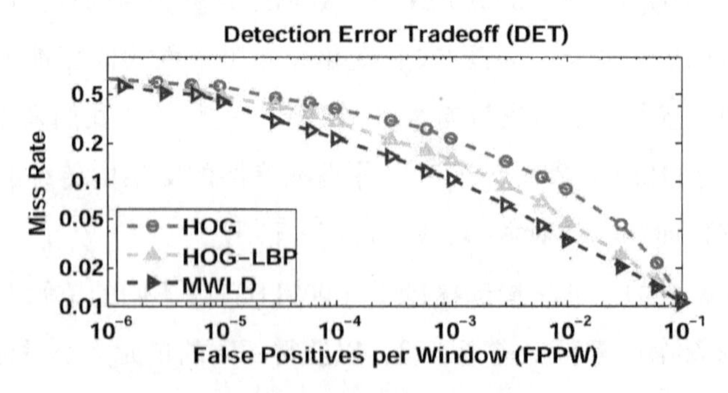

图4.6　在INRIA行人数据库上提出的MWLD方法与HOG方法及HOG-LBP方法的比较结果

4.4.2 Daimler Chrysler（DC）数据库上的结果评价

用于实验的第二个数据库是由 Munder 和 Gavrila 建立的 Daimler Chrysler（DC）行人标准数据库[29]。这个数据库被分为 5 个互不相交的数据集，3 个数据集用于训练，2 个用于测试。每个数据集包含 5000 个正例样本和 4800 个负例样本。每一个样本都是大小为 18×36 个像素的灰度图像。实验中，我们采用的单元大小为 6×6 个像素，而块的大小及特征抽取方法与在 INRIA 行人数据库上采用的方法一致。训练时，将 3 个训练数据集的所有样本同时用于训练，即有 15000 个正例样本和 14400 个负例样本，测试时，我们也同样将 2 个测试数据集的所有样本同时用于测试，即有 10000 个正例样本和 9600 个负例样本。由于 DC 行人数据库中总测试样本不是太多，同 Schwartz 等人[12]给出的评价标准一样，这里我们也给出这个数据库的 ROC 曲线作为评价的标准。图 4.7 给出了在 DC 行人数据库上提出的 MWLD 方法与 HOG 方法及 HOG-LBP 方法的比较结果。实验结果表明，提出的 MWLD 方法仍然要优于 HOG 方法[6]和 HOG-LBP 方法[10]。定量分析上，提出的 MWLD 方法在测试集上获得了 90.94%的分类准确率，而 HOG 方法和 HOG-LBP 方法分别获得了 86.97%和 89.74%的分类准确率，即在这个数据库上，我们方法的行人检测准确率比 HOG 方法和 HOG-LBP 方法分别提高了 3.97%和 1.2%。另外，在虚警率为 0.05 处，提出的改进 Weber 局部描述子（MWLD）方法获得的检测率比 HOG 方法和 HOG-LBP 方法的检测率分别要高 12.35% 和 2.72%。

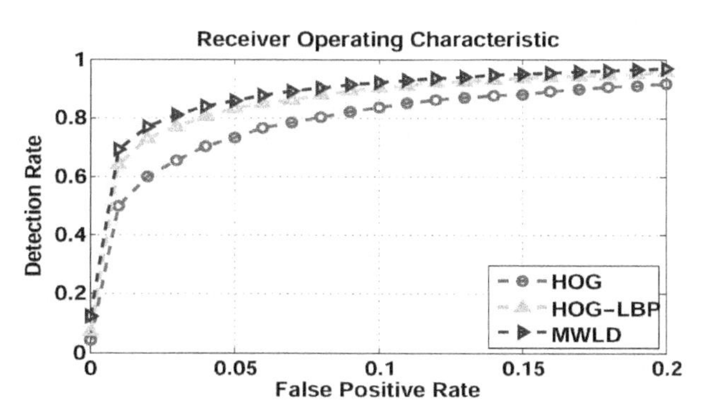

图 4.7　在 DC 行人数据库上 MWLD 方法与 HOG 方法及 HOG-LBP 方法的比较结果

4.5 本章小结

本章提出了一种基于改进的 Weber 局部描述子和显著性区域检测的快速行人检测方法。根据心理学上的 Weber 定律及行人所具有的特性，我们提出了一种改进的 Weber 局部描述子作为行人检测的特征。我们提出的快速行人检测方法首先采用显著性区域检测方法去确定图像中可能存在行人的区域，然后在已经确定可能具有行人的区域中，利用滑动窗口技术和提出的改进 Weber 局部描述子去刻画窗口特征，最后利用线性 SVM 分类器方法去确定检测窗口中是否有行人存在。实验结果表明，与以前的将滑动窗口在整个图像上从左上角到右下角完全扫描的行人检测方法不同，基于显著性区域的行人检测方法大大地加快了行人检测的处理速度。另外，提出的改进 Weber 局部描述子特征比 HOG 特征和 HOG-LBP 特征能更有效地刻画出行人，也获得了更好的行人检测性能。

参考文献

[1] Achanta R, Hemami S, Estrada F, et al. Frequency-tuned salient region detection. Proceedings of IEEE International Conference on Computer Vision and Pattern Recognition, 2009. 1597-1604.

[2] Geronimo D, Lopez A M, Sappa A D, et al. Survey of Pedestrian Detection for Advanced Driver Assistance Systems. IEEE Transactions on Pattern Analysis and Machine Intelligence, 2010, 32 (7): 1239-1258.

[3] Enzweiler M, Gavrila D M. Monocular Pedestrian Detection: Survey and Exper-iments. IEEE Transactions on Pattern Analysis and Machine Intelligence, 2009, 31 (12): 2179-2195.

[4] Alonso I P, Llorca D F, Sotelo M A, et al. Combination of Feature Extraction Methods for SVM pedestrian detection. IEEE Trans. on Intelligent

Transportation Systems, 2007, 8 (2): 292-307.

[5] Papageorgiou C, Poggio T. A trainable system for object detection. International Journal of Computer Vision, 2000, 38 (1): 15-33.

[6] Dalal N, Triggs B. Histograms of Oriented gradients for human detection. Proceed-ings of IEEE International Conference on Computer Vision and Pattern Recognition, 2005. 886-893.

[7] Wojek C, Walk S, Schiele B. Multi-cue onboard pedestrian detection. Proceedings of IEEE International Conference on Computer Vision and Pattern Recognition, 2009.

[8] Walk S, Majer N, Schindler K, et al. New Features and Insights for Pedestrian Detection. Proceedings of IEEE International Conference on Computer Vision and Pattern Recognition, 2010.

[9] Maji S, Berg A C, Malik J. Classification using intersection kernel support vector machines is efficient. Proceedings of IEEE International Conference on Computer Vision and Pattern Recognition, 2008. 1-8.

[10] Wang X, Han T X, Yan S. An HOG-LBP Human Detector with Partial Occlusion Handling. Proceedings of IEEE International Conference on Computer Vision, 2009. 1-8.

[11] Ott P, Everingham M. Implicit Color Segmentation Features for Pedestrian and Ob-ject Detection. Proceedings of IEEE International Conference on Computer Vision, 2009.

[12] Schwartz W R, Kambhavi A, Harwood D, et al. Human Detection Using Partial Least Squares Analysis. Proceedings of IEEE International Conference on Computer Vision, 2009.

[13] Dalal N, Triggs B, Schmid C. Human Detection Using Oriented Histograms of Flow and Appearance. Proceedings of European Conference on Computer Vision, 2006. 428-441.

[14] Sabzmeydani P, Mori G. Detecting Pedestrians by Learning Shapelet Features. Proceedings of IEEE International Conference on Computer Vision

and Pattern Recognition, 2007.

[15] Chen J, Shan S, He C, et al. WLD: A Robust Local Image Descriptor. IEEE Trans. Pattern Analysis and Machine Intelligence, 2010, 32 (9): 1705-1720.

[16] Shen J. Weber' s Law and Weberized TV Restoration. Physica D: Non-linear Phe-nomena, 2003, 175 (3-4): 241-251.

[17] Duda R O, Hart P E, Stork D G. Pattern Classification (2nd Edition). Wiley-Interscience, 2000.

[18] Vapnik V N. The Nature of Statistical Learning Theory. Springer - Verlag, 1995.

[19] Cristianini N, Shaew-Taylor J. Support Vector Machines. Cambridge University Press, 2000.

[20] Scho¨ lkopf B, Smola A. Learning with Kernels. The MIT Press, Cambridge, MA, USA, 2002.

[21] Tipping M. Sparse Bayesian Learning and the Relevance Vector Machine. Journal of Machine Learning Research, 2001, 1: 211-244.

[22] Ronfard R, Schmid C, Triggs B. Learning to Parse Pictures of People. Proceedings of European Conference on Computer Vision, 2002. 700-714.

[23] Dorko G, Schmid C. Selection of Scale-invariant Parts for object Class Recognition. Proceedings of IEEE International Conference on Computer Vision, 2003. 634-640.

[24] Viola P, Jones M J, Snow D. Detecting Pedestrian Using Patterns of Motion and Appearance. International Journal of Computer Vision, 2005, 63 (2): 153-161.

[25] Itti L, Koch C, Niebur E. A model of saliency-based visual attention for rapid scene analysis. IEEE Trans. Pattern Analysis and Machine Intelligence, 1998, 20 (11): 1254-1259.

[26] Hou X, Zhang L. Saliency detection: a spectral residual approach. Proceedings of IEEE International Conference on Computer Vision and Pattern

Recognition, 2007.

[27] Guo C, Ma Q, Zhang L. Spatio-temporal saliency detection using phase spectrum of quaternion Fourier transform. Proceedings of IEEE International Conference on Computer Vision and Pattern Recognition, 2008.

[28] Rahtu E, Kannala J, Salo M, et al. Segmenting salient objects from images and videos. Proceedings of European Conference on Computer Vision, 2010.

[29] Munder S, Gavrila D M. An experimental study on pedestrian classification. IEEE Trans. Pattern Analysis and Machine Intelligence, 2006, 28 (11): 1863-1868.

[30] Chang C C, Lin C J. LIBSVM: a library for support vector machines. Software available at http://www.csie.ntu.edu.tw/cjlin/libsvm, 2001.

基于改进混合高斯模型的运动目标检测

5.1 引言

在计算机视觉和图像处理领域，智能视频监控是一个重要的研究热点。从一组连续视频序列中提取出运动目标是智能视频监控要解决的首要问题之一。从视频序列中检测出运动物体的方法有光流法、帧间差分法和背景减除法等。光流法通过计算光流场得到运动目标，这种方法不需要提前知道相关场景信息，但是计算量比较大，目前也没有更好的通用硬件支持[1]。帧间差分法是将相邻两帧图像的相应像素相减得到运动目标，适应突然的光照变化，计算量小。背景减除法是将当前视频图像帧与建立的背景模型相减得到运动目标，这种算法复杂度低，实用性合理，能满足实时性要求。

高斯混合模型（GMM）是背景减除法中的一种标准背景建模方法，这种方法的关键是建立符合场景的背景模型并进行有效的自适应保持和更新。由于高斯混合模型具有良好的背景拟合能力和较强的适应性，在场景背景建模和前景分割中得到了广泛的应用。

有研究者利用多个自适应高斯模型结合像素空间位置来改进高斯混合模型，这些方法缺乏自适应学习率。自适应学习率方法是根据背景演化过程进行划分，然而它的学习率仍然设置为有限的固定学习率，无法实现真正的自适应非跳跃学习。通过计算时间 t 内像素匹配总数的倒数作为学习率，这种方法在较短的有限时间内是可行的，但是背景模型的学习率在经过长时间 t 之后会遭受一个特别的错误累积，学习率将衰减到最小值。如果背景像素长时间被前景像素覆盖，学习新背景需要更长的时间。针对以上缺点，本章提出了一种改进的高斯混合算法，结合背景减法可以快速地检测出运动目标并有效抑制反射物体引起的频繁闪烁。

5.2 混合高斯模型

5.2.1 高斯背景建模

高斯混合模型是无监督学习的参数化模型，在时间 t，视频序列中同一位置的像素值 x_t 的变化被认为是一个随机过程，并服从高斯分布，t 时刻的像素状态可以用 K 个高斯模型来表示，这些高斯模型可以用多个高斯分布来表示。构建的背景模型实现了对精确背景分布的近似，其概率函数模型为：

$$P(X_t) = \sum_{i=1}^{K} \omega_{i,t} \times \eta(X_t, u_{i,t}, \sum{}_{i,t}) \tag{5.1}$$

$$\eta(X_t, u_{i,t}, \sum{}_{i,t}) = \frac{1}{(2\pi)\dfrac{n}{2}\left|\sum{}_{i,t}\right|^{\frac{1}{2}}} e^{-\frac{1}{2}(X_t-u_{i,t})^T \sum_{i,t}^{-1}(X_t-u_{i,t})} \tag{5.2}$$

其中 X_t 为 t 时刻样本像素的观测值，K 是模型总数，i 表示第 i 个模型，$u_{i,t}$ 是模型的平均值，$\omega_{i,t}$ 是模型的权重，$\sum_{i,t}$ 是模型的协方差矩阵，

$\eta(X_t, u_{i,t}, \sum_{i,t})$ 是第 i 个模型的概率密度函数，$P(X_t)$ 是 X_t 的概率函数。

5.2.2 匹配与更新

模型匹配准则是将当前观察到的像素 $I(x, y)$ 与现有的 K 个高斯分布进行比较[2]。如果满足方程 5.3，则认为当前像素 $I(x, y)$ 符合高斯分布模型，否则视为不匹配。

$$|I(x, y) - u_{i,t-1}| < D \times, \sigma_{i,t-1} \tag{5.3}$$

其中 D 是置信度参数，$u_{i,t-1}$ 和 $\sigma_{i,t-1}$ 是第 i 个高斯分布在时间 t-1 的均值和标准差。

（1）如果匹配，则按照以下规则更新匹配的高斯分布参数：

$$\omega_{i,t} = (1 - \alpha) \times \omega_{i,t-1} + \alpha M_{i,t} \tag{5.4}$$

$$u_{i,t} = (1 - \rho) \times \mu_{i,t-1} + \rho \times X_t \tag{5.5}$$

$$\sigma_{i,t}^2 = (1 - \rho) \times \sigma_{i,t-1}^2 + \rho \times (X_t - \mu_{i,t-1})^T \times (X_t - \mu_{i,t-1}) \tag{5.6}$$

式中：α 为学习率，通常设为 0.005，$M_{i,t}$ 是偏差，匹配时为 1，不匹配时为 0，$\rho = \alpha \times \eta(X_t, u_{i,t}, \sum_{i,t})$ 是期望和方差的学习率。

（2）如果不匹配，则使用当前帧的平均值去初始化一个方差更大、权重更小的高斯模型，并用新的高斯模型替换排序中的最后一个背景模型，权重更新只需要在式 5.4 中将 $M_{i,t}$ 的值设为 0，对于其他高斯模型，均值和方差不变。

首先，按照值 $\omega_{i,t}/\sigma_{i,t}$ 从大到小排列高斯分布的优先级，然后从排在最前面的第一个模型开始。

$$B = \arg\min_b\left(\sum_{K=1}^{b} \omega_K > T\right) \tag{5.7}$$

式中，T 为阈值，通常设为 0.7～0.8，本章中选择 B 高斯模型作为背景模型，并在前景检测中比较当前帧的像素值。如果 $I(x, y)$ 与背景模型中的任何一个模型匹配，则该像素就是背景点，否则它就属于前景区域。

5.3 图像序列的像素改变特征

在时间 t 的观测值可以表示为 X_t，其中 $X_t = [x_R, x_G, x_B]^T$ 是像素的 RGB 颜色向量[3]。对于彩色监控摄像机，图像场景中内容的变化表现为 RGB 颜色成分的变化，即用一个新值代替同一坐标位置像素的 RGB 值。如图 5.1 所示，本章使用 Campus_ 1 和高速公路监控视频序列作为分析样本。如表 5.1 所示，我们选取了 4 个不同的观测样本点，对无目标（A 点，静止道路）、少量运动目标（B 点，慢行人；D 点，摇摆树枝）、多运动目标变化（C 点，驾驶车辆）的场景进行了分析，像素点 RGB 分量变化图、灰度分布图、RGB 三维分布图如图 5.2、图 5.3、图 5.4 所示[4]。从图中可以看出像素变化的主要特征。

5.3.1 无目标环境的像素变化

当场景中没有任何目标，如图 5.2（a）所示，像素 RGB 的颜色分量变化比较平滑，此时模型呈现出更加集中的单峰模态，如图 5.3（a）所示，像素 RGB 的三维空间分布呈现出一个密集的椭球体，如图 5.4（a）所示。此这，模型应该使用较小的学习率，以保持模型相对稳定[5]。

5.3.2 多目标环境像素变化

当场景中出现运动目标，如图 5.2（b）和图 5.2（c）所示，此时如果出现突然的短时间内变化，如图 5.3（b）所示，模型将会呈现单一的集中峰，如图 5.3（c）所示，像素 RGB 的三维空间分布仍会呈现密集的椭球体形态，如图 5.4（b）所示。此时模型应该使用较小的学习率，以减少场景的错误学习并保持背景模型相对稳定[6]。

背景像素 RGB 颜色分量值的变化也可能是突然的长时间变化，此时运动目标将停止覆盖原始背景[7]。这种变化表现为原始背景像素消失，形成一个新的特征背景，背景像素变化表现为 RGB 颜色分量值整体偏移，模态表现为单峰和多峰并存，新的特征像素点分布在远离模态分布中心的地方，形成新的模态中心。此时，应提高权重的学习率以加快模型收敛速度。

如果场景中静止目标被误判为移动目标，容易造成目标误检，如果模型中 α 值过大，模型更新速度过快，这很快会将目标溶解到背景中，造成目标的漏检。因此，高斯混合模型在学习实际场景时，如果学习率选择不正确，模型的有效更新会造成滞后，容易造成模型的“模型残差”和“有效模型损失”，滞后于真实背景变化，此时在前景检测和目标分割过程中模型容易出现“拖尾”现象[8]。

5.3.3 像素变化的特征分析

传统高斯混合模型的方差学习率 $\rho = \alpha \times \eta(X_t, u_{i,t}, \sum_{i,t})$ 表明，ρ 远小于 α。如果可以准确估计多个高斯分量的协方差矩阵 $\sum_{i,t}$，则对应样本观测时间的近似长度要求 ρ>α。由于方差学习率的观察时间太小，方差收敛速度慢，不符合实际场景的方差变化，因此，在背景模型稳定后，应加速其方差的收敛。

表 5.1 像素样本点的均值、方差和标准差

Sequence name	Sample point	Pixel coordinates	Frame number	status	Mean	variance	Standard deviation
Campus_ 1	POINT. A	−20，310	1−500	No goal	156. 83	7. 16	2. 67
Campus_ 1	POINT. B	−250，320	1−145	No goal	145. 4	11. 15	3. 33
			146−161	have goal	272. 19	326. 3	18. 06
			162−500	No goal	146. 33	4. 639	2. 15
Highway	POINT. C	−100，100	351−376	No goal	123. 1	8. 781	2. 96
			377−381	have goal	638	540. 8	39. 25
			382−490	No goal	122. 13	6. 47	2. 59

续表

Sequence name	Sample point	Pixel coordinates	Frame number	status	Mean	variance	Standard deviation
Highway	POINT. D	-13，297	1-107	have goal	40. 21	75. 77	8. 7
			108-500	No goal	77. 61	17. 69	4. 2

图 5.1　测试样本图像序列

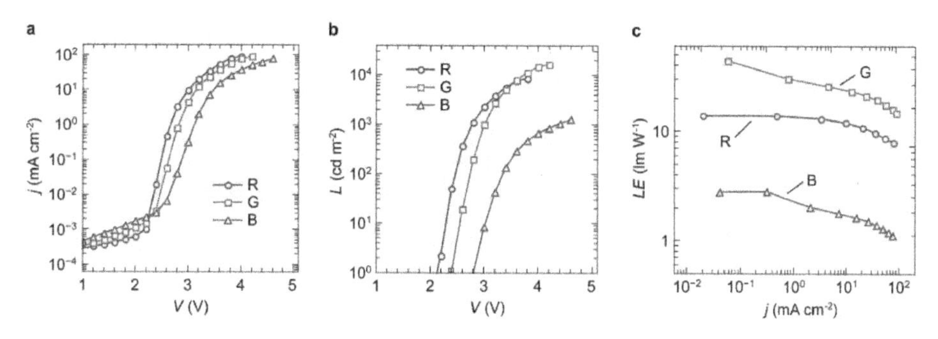

图 5.2　Campus_ 1 和 Highway 上的像素 RGB 变化

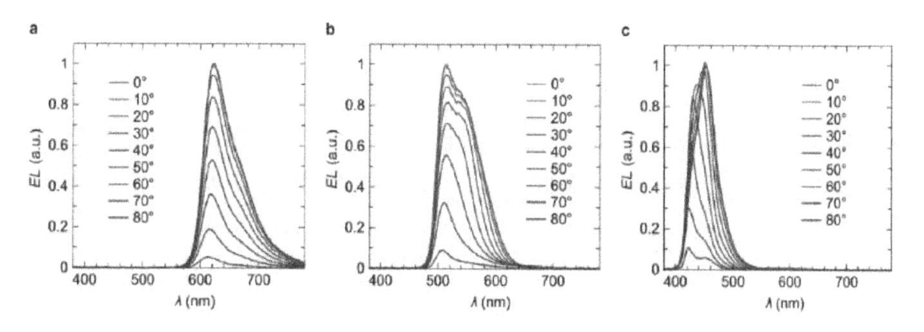

图 5.3　Campus_ 1 和 Highway 上的像素灰度分布

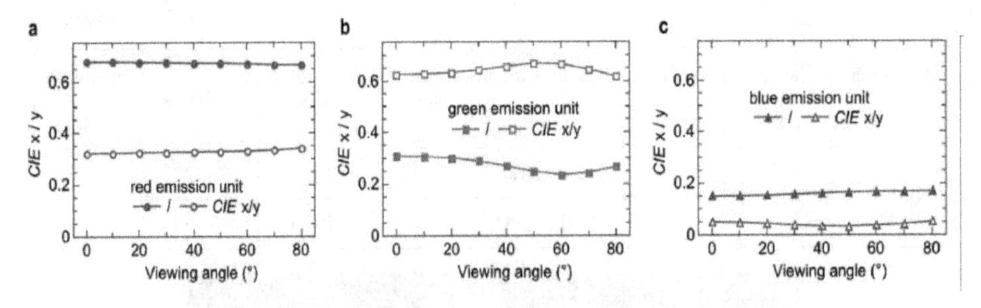

图 5.4 Campus_ 1 和 Highway 上的像素 RGB 分布

5.4 算法改进

5.4.1 模型参数分析

从以上分析的像素变化特征可以看出，场景的变化是复杂多变的。对于高斯混合模型，背景模型的建立和有效维持伴随着运动目标检测的全过程。背景模型的建立与模型的维持和更新有关，这取决于模型的控制参数。

(1) 模型权重反映特定模型的概率，学习率是模型权重的重要控制参数

从前面的分析可以看出，RGB 颜色分量在时域上的变化呈现出渐变、瞬时变化、周期性变化、非周期性随机变化等特征。当我们学习一个新场景的采样值时，传统的高斯混合模型的权重学习率是一个固定值，这不能很好地适应场景中不同情况的变化，从而导致模型参数的估计值严重落后于抽样样本。此时，算法更新缓慢、正确、有效，但不能及时适应场景的变化。因此，随着采样时间的增加，权重学习率应该是一个特定的动态值来适应这种变化，即对不同的像素使用不同的学习率进行学习[9]。

（2）高斯混合模型的本质是在线聚类

模型中的协方差矩阵反映了对应每个高斯分量的聚类形式，模型方差决定了聚类的可塑性。较大的方差使得聚类可塑性变弱，模型无法及时从新的观测样本中学习背景模型变化分量，从而造成背景模型严重偏差，微小的方差使得聚类可塑性过强，导致背景模型结构不稳定，容易出现聚类波动。如果方差估计过大或过小，都会导致前景分割失败。因此，当运动目标学习到背景时，应加速模型方差的收敛以增强其可塑性。

（3）模型期望决定了聚类中最具代表性的值

模型期望反映了它属于哪类特征，代表了从历史像素值中学习到的背景模型结构，所以模型应该保持相对稳定。可以看出，在学习高斯混合模型场景的过程中，学习率的选择、期望和方差的实际估计影响模型学习、模型排序和模型匹配，并且模型参数的正确估计最终会影响模型结构的稳定性、适应性和目标分割效果[10]。

5.4.2 学习率的改进

基于以上对视频序列像素点变化特征和模型控制参数的分析，本章将模型的学习过程分为两个阶段，分别提出了模型权重改进和期望方差学习率的改进。

（1）在背景初始形成阶段（n<N），学习率的更新策略如式 5.8 所示。由于模型初始化的第一帧往往是非空场景，因此模型的非背景像素模型权重更为重要。因此，需要使用更显著的学习率来加速消除那些伪背景像素模型并加速准确背景模型的收敛。然而，此时背景还没有完全形成，方差和期望值不容易收敛太快，随着背景的逐渐形成，学习率逐渐降低，以保证有效背景模型的稳定性。

$$\begin{cases}\alpha_1 = \dfrac{1}{\lambda_1 \times n} \\ \rho_1 = \alpha_1 \times \eta(X_t,\ u_{i,t},\ \sum_{i,t})\end{cases} \tag{5.8}$$

式中，λ_1 为衰减系数，取 1.5，n 是当前运动的帧数，N 是阶段总帧数。

(2) 在背景维持和更新阶段 (n≥N)，学习率更新策略如式 5.9 所示。初始学习阶段后，背景模型已经形成，但场景信息往往复杂多变，需要对背景进行实时维持和更新。因此，在背景的维持和更新阶段，需要根据模型像素变化的匹配数与不配次数作为反馈量来修改模型的学习率。不匹配时，反馈量为正值，以增加学习率和场景的学习；当匹配时，反馈量为负值，以降低学习率，弱化场景的误学习，保证模型的稳定性。模型的两种反馈量最初都是设定一个很小的值，随着迭代次数的增加，反馈量会逐渐增加。改进学习率将有助于延长模型的迭代时间去观测和学习场景，一个动态的学习空间能够减少对噪声、快速移动目标、慢速移动目标的误学习，能实现对场景状态的学习，学习率的自适应调整能够实现模型的有效收敛。

$$\begin{cases}\alpha_2 = \lambda_2 \times (1 + \Delta F) \\ \rho_2 = \dfrac{\alpha_2}{\omega_{i,t}}\end{cases} \tag{5.9}$$

式中，λ_2 为学习率基准系数，取 0.004，B 为反馈量，f 为不配次数，t 为匹配次数。为避免模型维持和更新过程中学习率的恶性增减，本章对提高学习率的学习标准有以下规定：为防止学习后期学习步长过大或过小，设置学习率空间为 $\alpha_2 \in (d_1, d_2)$，当学习率动态调整超出学习率空间的左侧和右侧端点时，则使用学习率 d_1，d_2。为防止数据溢出，当 f 和 t 大于 τ 时，设置它们为零并重新计数，为防止前景目标和背景的学习累积，如果计数中断，则设置 f 和 t 为零。

5.5 实验结果与分析

采用的实验平台为 VC++6.0 和 Open CV，测试序列为 Highway（500 帧，320×240），City way（222 帧，320×240），Campus_ 1（1179 帧，352×288），Campus_ 2（2687 帧，384×288）。实验参数为：K=3，N=200，T

$=0.75$，$\tau=20$，$\lambda_1=1.5$，$\lambda_2=0.004$，$d_1=0.0028$，$d_2=0.00168$。实验结果如图 5.5 至图 5.8 所示[11]。

图 5.5 为检测序列 Highway 中第 15 帧的检测结果。图 5.6 是检测序列 City way 中第 20 帧的检测结果，图 5.5 和图 5.6 主要是比较在初始阶段两种方法的检测效果。GMM 方法采用固定学习率，在初始阶段，具体运动目标构成的背景元素的权重过大，这导致背景更新滞后于当前实际状态，出现异常点现象。改进后的算法在初始阶段使用了更显著的学习率。它使用样本序列中的帧数作为当前帧的学习率控制参数，可以快速实现初始化时非背景模型的权重下降，这种方法是去除模型残差的较好方案，检测到的目标结构比较完整。

(a) Original video sequence

(b) GMM method

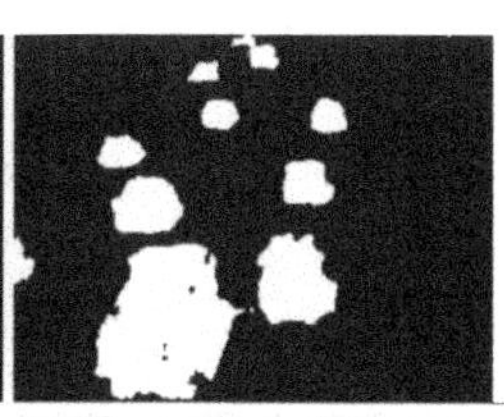

(c) The method of this paper

图 5.5　Highway 序列的检测结果

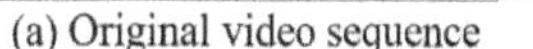

(a) Original video sequence

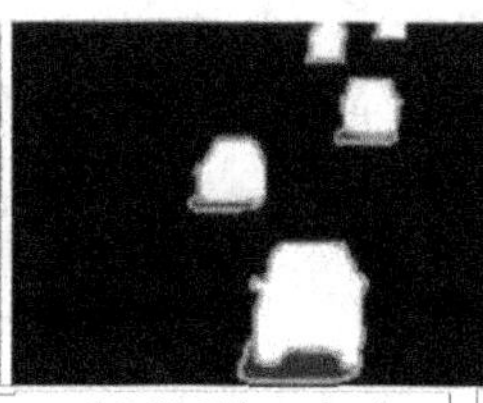

(b) GMM method

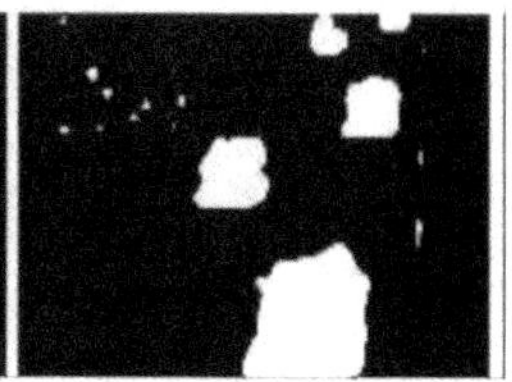

(c) The method of this paper

图 5.6　City way 序列的测试结果

图 5.7 为检测序列 Campus_ 1 中第 390 帧的检测结果，图 5.8 为检测序列 Campus_ 2 中第 990 帧的检测结果。图 5.7 和图 5.8 的主要目的是验证维持和更新阶段两种方法的检测效果。目标从静止开始移动到最后又变回背景以及缓慢移动的目标（行人、车辆）等情况的检测。图 5.7 中的喷水已关闭，经过一定的学习周期，GMM 方法检测到的分割目标仍然是前景对象，同时，改进算法将其作为背景学习，检测结果更符合实际情况。图

5.8 中的车辆已经停在停车位，GMM 方法仍然检测到前景目标，改进算法已将其学习为背景。主要原因是改进算法计算模型的匹配和不匹配次数作为反馈，控制量加速了模型的收敛，检测结果更加理想，主要原因是以模型学习是在初始阶段进行反馈的，控制量是一个很小的值，它随着变化的持续时间而逐渐增加，从而避免对缓慢移动目标的误学习。

算法的有效性评价是对算法改进效果的重要体现，目前运动目标检测算法的评价标准包括基于目标区域的评价、基于像素级的评价、基于目标和像素的综合评价。为了测试本章方法的性能，我们将本章方法与传统方法进行了比较，针对上述实验检测结果，本章采用基于像素级的评价，使用检测率（DR）和误检率（FAR）两个指标，DR 和 FAR 的计算公式如式（5.10）和式（5.11）所示。

$$DR = \frac{TP}{FN + TP} \times 100\% \tag{5.10}$$

$$FAR = \frac{FP}{FP + TP} \times 100\% \tag{5.11}$$

式中 FP 为错误检测到的错误像素数，TP 为正确检测到的目标像素数，FN 为未检测到的目标像素数，上述相关实验数据见表 5.2。

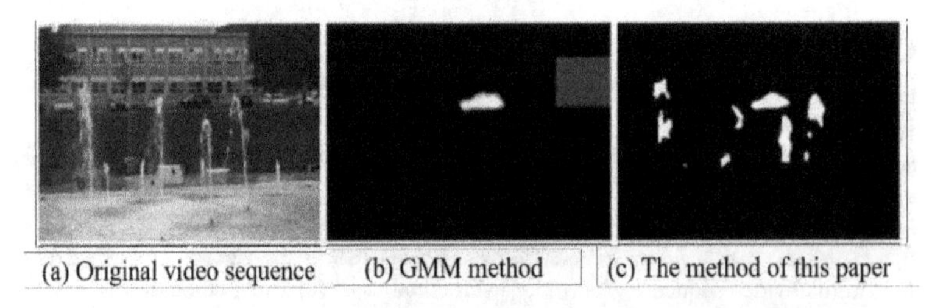

(a) Original video sequence (b) GMM method (c) The method of this paper

图 5.7 Campus_ 1 序列的检测结果

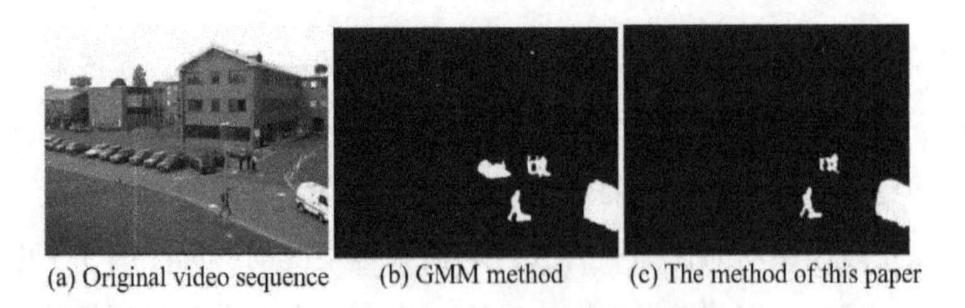

(a) Original video sequence (b) GMM method (c) The method of this paper

图 5.8 Campus_ 2 序列的检测结果

从表 5.2 可以看出，改进后的算法检测效果优于传统的 GMM 算法。主要原因是在初始阶段，使用了比较显著的学习率，那些非真实的背景模型衰减很快，加快了背景模型的快速建立；在维持和更新阶段，根据像素匹配和不匹配数目提供的反馈量，加快或减慢了场景的自适应学习，使检测结果更符合实际场景[12]。

表 5.2 GMM 算法和改进算法的比较

Sequence name	DR		FAR	
	GMM algorithm	Algorithm	GMM algorithm	Algorithm
Highway	0.683	0.918	0.087	0.017
City way	0.714	0.867	0.063	0.014
Campus_ 1	0.801	0.903	0.081	0.011
Campus_ 2	0.822	0.934	0.073	0.009

5.6 本章小结

本章分析了高斯混合模型的像素变化特性和参数控制，将背景学习分为两个主要阶段，引入了背景建模的反馈控制机制和提出了一种自适应学习率的高斯混合模型算法。研究发现，改进后的高斯混合模型算法能够拟合真实场景背景，自适应地拟合准确的背景分布，合理解决场景中模型缓慢收敛导致的模型残差。此外，改进的高斯混合模型可以有效解决阴影问题和检测运动目标，经验证，改进后的算法优于传统的高斯混合模型算法。

参考文献

[1] Guan, X., Peng, Z., Huang, S., & Chen, Y. Gaussian scale-space enhanced local contrast measure for small infrared target detection. IEEE

Geoscience and Remote Sensing Letters. 17 (2) (2019) 327-331.

[2] Tivive, F. H. C., Bouzerdoum, A., & Abeynayake, C. GPR target detection by joint sparse and low-rank matrix decomposition. IEEE Transactions on Geoscience and Remote Sensing. 57 (5) (2018) 2583-2595.

[3] Bitar, A. W., Cheong, L. F., & Ovarlez, J. P. Sparse and low-rank matrix decomposition for automatic target detection in hyperspectral imagery. IEEE Transactions on Geoscience and Remote Sensing. 57 (8) (2019) 5239-5251.

[4] Bai, X., & Bi, Y. Derivative entropy-based contrast measure for infrared small-target detection. IEEE Transactions on Geoscience and Remote Sensing. 56 (4) (2018) 2452-2466.

[5] Luong, D., Rajan, S., & Balaji, B. Quantum two-mode squeezing radar and noise radar: Correlation coefficients for target detection. IEEE Sensors Journal. 20 (10) (2020) 5221-5228.

[6] Long, T., Liang, Z., & Liu, Q. Advanced technology of high-resolution radar: target detection, tracking, imaging, and recognition. Science China Information Sciences. 62 (4) (2019) 1-26.

[7] Liu, W., Liu, J., Du, Q., & Wang, Y. L. Distributed target detection in partially homogeneous environment when signal mismatch occurs. IEEE Transactions on Signal Processing. 66 (14) (2018) 3918-3928.

[8] Li, C., Wang, W., Kirubarajan, T., Sun, J., & Lei, P. PHD and CPHD filtering with unknown detection probability. IEEE Transactions on Signal Processing. 66 (14) (2018) 3784-3798.

[9] Zheng, J., Liu, H., Liu, J., Du, X., & Liu, Q. H. Radar high-speed maneuvering target detection based on three-dimensional scaled transform. IEEE Journal of Selected Topics in Applied Earth Observations and Remote Sensing. 11 (8) (2018) 2821-2833.

[10] Liu, W., Liu, J., Li, H., Du, Q., & Wang, Y. L. Multichannel signal detection based on Wald test in subspace interference and Gaussian

noise. IEEE Transactions on Aerospace and Electronic Systems. 55 (3) (2018) 1370-1381.

[11] Li, B., Long, Y., & Song, H. Detection of green apples in natural scenes based on saliency theory and Gaussian curve fitting. International Journal of Agricultural and Biological Engineering. 11 (1) (2018) 192-198.

[12] Wei, M. S., Xing, F., & You, Z. A real-time detection and positioning method for small and weak targets using a 1D morphology-based approach in 2D images. Light: Science & Applications. 7 (5) (2018) 18006-18006.

基于自适应尺度核相关滤波的目标跟踪

6.1 引言

目标跟踪的目的是在图像序列中估计目标的位置，是计算机视觉领域中重要的研究课题之一，并且在视频监控、人机交互、虚拟现实、医学成像等领域具有广泛应用[1-7]。

近年来，研究者提出的基于检测的跟踪算法表现出良好的跟踪性能[8]。这类跟踪算法是将目标跟踪和定位任务转化为一个分类问题，就是利用二值分类器对标记为目标和背景的图像块的在线训练，识别出目标和背景，进而得到二值分类的决策边界[9,10]。通过分析核空间的相关滤波特性，Herique 等人提出了基于核的通过检测进行跟踪的循环结构（CSK）目标跟踪算法，这个算法的跟踪速度是所有跟踪算法里最快的[11]。CSK 跟踪算法只考虑了灰度特征信息，并且利用核相关滤波跟踪算法的方向梯度直方图去进一步提高其跟踪性能。Danelljan 等人[12,13]在 CSK 算法基础上增加了颜色信息或是颜色属性，他们提出的改进模型能够自适应地减小颜色属性的维度，且跟踪效果优于 CSK 算法，但其效率有所降低。

在复杂的监控视频中，现有的许多基于检测的跟踪算法在跟踪多尺度目标时都假设目标的尺度变化是恒定不变的[14]。然而，这种假设在实际中是很不合理的，因为移动的物体与摄像机之间的距离是总是在改变[15,16]。另一方面，其他一些现有的尺度估计算法，操作效率低并不适合实际应用。一种理想的尺度估计算法应该是能够实时、鲁棒性地计算尺度的变化[17]。

由于目标在视频中是二维平面目标，因此视觉跟踪算法不仅要估计目标的位置，还要估计目标的尺度[18]。为了准确估计目标的位置，视觉跟踪算法必须在正确的尺度范围内提取目标特征，才能实现特征的有效匹配。因此，如何估计目标的尺度是稳定的视觉跟踪算法的基本问题之一。然而，传统的基于核的视频目标跟踪算法缺乏跟踪窗口的尺度更新机制，因此它的跟踪结果是不完备和稳定的[19]。为了解决这一难题，研究者已经提出一些跟踪方法，例如，基于核的尺度不变特征的视觉跟踪，基于核的可变空间分辨率模型视觉跟踪[20-22]，基于自适应目标模型的目标跟踪[23-25]，基于核的自适应分布图像推理视觉跟踪[26,12,13]，以及基于均值漂移和双模型滤波的概率运动转换跟踪方法[27]。

Zhuang 等人[20]通过对传统单向稀疏性跟踪框架的探索，提出了双向协作稀疏表示跟踪模型。在该模型中，正向稀疏性跟踪模型是利用模板集重建候选样本，而反向稀疏性跟踪模型是将模板集映射到一个候选空间。这两种模型的共同之处在于计算候选样本和模板集的稀疏相关性系数矩阵。在此基础上，利用 *L*2 范数约束项，正、反稀疏相关性系数矩阵能够平滑地一致收敛。与传统的单向稀疏跟踪模型相比，双向稀疏跟踪模型能够充分挖掘整个候选样本与模板集的稀疏映射关系。基于加速近端梯度快速数值方法，Wang 等人[28]推导出了双向稀疏跟踪模型的最优解。它允许候选项或模板的并行计算，在一定程度上提高了计算效率。实验数据表明，与传统的单向稀疏跟踪方法相比，该跟踪算法具有一定的优越性。

根据基于核的连续自适应分布的视觉跟踪，Min 等人[26]提出了一种能够处理目标运动的时空连续性基本约束的推理机制，基于目标自适应分布图像和目标运动的投票推理，该算法能够更稳定地更新跟踪窗口的尺度和目标模型。在多模型滤波的框架下，Danelljan 等人[12,13]提出了一种融合均值漂移和双模型滤波的有效的图像目标跟踪方法。两个运动模型能够使用概率似然性进行相互切换。实验结果表明，无论目标速度是大是小，是变化还是不变的，该方法都能成功地保持对目标的跟踪，且对计算资源的要求不高。虽然这些算法取得了良好的跟踪结果，但它们在复杂视频中大尺度变化时性能表现并不好[21,29]。

本章提出了一种有效的、尺度变化鲁棒性的目标跟踪算法。主要贡献如下：（1）与现有的跟踪算法相比，本章提出的算法在当前帧中定位到目标后，将目标分为四部分，并为每一部分训练一个新的分类器。通过求出各部分的最大响应位置，计算相邻框帧的比例因子。为了提高尺度计算过程的鲁棒性，我们采用加权系数去除异常匹配点。（2）为了减少跟踪器定位不准确的问题，将传统分类器的预期训练输出转换为一个更准确的定位。在本章中，我们提出的算法与许多有效的分类器进行了比较。仿真结果表明，所提出的算法优于其他算法，运行速度超过 60 帧/秒，因此非常适合工程应用。

近年来，基于相关滤波的跟踪算法具有出色的跟踪性能和快速的计算效率，因此这些算法越来越受欢迎[22]。在这些算法中，基于颜色名字（Color-Names，CN）的跟踪算法具有稳定的速度稳定，可达每秒 168 帧，但对多尺度目标的跟踪效果较差。一旦目标尺度发生显着变化，算法可能无法重新捕获目标。在本章中，我们提出了一种基于改进的 CN 跟踪算法的实时跟踪系统，该算法对尺度变化具有鲁棒性[24]。

CN 跟踪算法采用了一种新颖且鲁棒的更新框架，该框架在计算当前帧的目标位置时考虑了所有先前帧的目标信息。核技术[25,30]和自适应降维策略是获得良好跟踪性能和实时跟踪速度的关键。CN 跟踪算法把从第一帧到当前帧的所有目标形状 x^j，j? $[1, t]$ 及其所有相应的圆形位移 $x^j_{m,n}$，(m, n)? $[0, \cdots, M-1]$ 作为分类器的训练样本[23]。同时，所有样本利用一个高斯函数 $y^j(m, n)$ 进行标记，用先前所有帧的加权均方误差构造一个损失函数。由于其解仅包含一组分类器系数 α，且每帧均受常数权重 $\beta_j \geqslant 0$约束，因此，损失函数可定义为：

$$\varepsilon = \sum_{j=1}^{t} \beta_j \Big(\sum_{m,\, n} |\langle \varphi(x_{m,\, n}^{j}),\ \omega^{j} \rangle - y^{j}(m,\ n)|^2 + \lambda \, \| w^{j} \|_2^2 \Big) \quad (6.1)$$

其中 $w^{j} = \sum_{m,\, n} \alpha(m,\ n) \varphi(x_{m,\, n}^{j})$ ，φ 示到 Hilbert 空间的映射，它可以通过核操作生成[31]。另外，$x_{m,\, n}^{j}$ 和 $x_{k,\, l}^{j}$ 之间的内积可以转化为 $\langle \varphi(x_{m,\, n}^{j}),\ \varphi(x_{k,\, l}^{j}) \rangle = \kappa(x_{m,\, n}^{j},\ x_{k,\, l}^{j})$ ，常数系数 λ 表示正则化参数。最小化损失函数可以写成：

$$A^{t} = \frac{\sum_{j=1}^{t} \beta_j Y^{j} K_x^{j}}{\sum_{j=1}^{t} \beta_j K_x^{j} (K_x^{j} + \lambda)} \quad (6.2)$$

在公式（6.2）中，$Y^{j} = F(y^{j})$ ，$K_x^{j} = F(k_x^{j})$ ，其中 F 是傅立叶变换；$K_x^{j} = \kappa(x_{m,\, n}^{j},\ x^{j})$ 是核函数 κ 的输出值；通过使用学习因子 η 的参数来设置权重 β_j ，$A^{t} = \frac{A_N^{t}}{A_D^{t}}$ 的分母 A_N^{t} 和分子 A_D^{t} 分别进行更新；$\widehat{x}_t$ 表示学习目标的形状。

$$\begin{cases} A_N^{t} = (1 - \eta) A_N^{t-1} + \eta Y^{t} K_x^{t} \\ A_D^{t} = (1 - \eta) A_D^{t-1} + \eta K^{t} (K_x^{t} + \lambda) \\ \widehat{x}^{t} = (1 - \eta) \widehat{x}^{t-1} + \eta x^{t} \end{cases} \quad (6.3)$$

在目标跟踪过程中，可以从处理后的帧 $t - 1$ 中提取出大小为 $M \times N$ 的目标图像块 z 。置信度得分可以通过下面公式计算得到：

$$\widehat{y}^{t+1} = F^{-1} \left(\frac{A_N^{t}}{A_D^{t}} \right) \otimes K_z \quad (6.4)$$

其中 F^{-1} 表示傅立叶逆变换，$\otimes$ 表示逐点乘法 $K_z = F(k_z)$ ，$k_z(m,\ n) = \kappa(Z_{(m,\, n)},\ \widehat{x}^{t})$ 。目标在新帧中的位置可以通过找到置信度得分最高的图像块来估计得到[31]。

CN 跟踪算法通过自适应降低颜色属性的维数来降低计算时间复杂度，在 CN 跟踪算法中，假设 $\widehat{x}^{t}$ 是维度为 D1 的形状因子，使用降维技术找到具有正交列向量和大小为 D1×D2 的投影矩阵 B_t 。通过线性映射 $\widehat{x}^{t}(m,\ n) = B_t^{T} \widehat{x}^{t}(m,\ n)$ ，投影矩阵 B_t 用于计算维度为 D2 的目标形状因子 $\widehat{x}^{t}$ 。

6.2 自适应尺度计算模型

在我们提出的跟踪算法中，假设在第 $(t-1)$ 帧中目标的中心位置是 P_{t-1}，并且目标尺寸是 $w_{t-1}\times ?_{t-1}$。Danelljan 等人的文献提到[12,13]，在第 $(t-1)$ 帧中，在半径为 $\rho w_{t-1}\times\rho ?_{t-1}$ 内抽取以 P_{t-1} 为中心的图像块，其中 ρ 是扩展系数。然而，不同于 Danelljan 等人的工作[12,13]，我们将图像块的大小统一调整为 $W\times H$，然后使用公式（6.3）更新学习的目标形状 $\widehat{x}^{t-1}$ 和分类器系数 A^{t-1}。假设目标的中心位置 P_{t-1} 的坐标为（0，0），则将图像块 x^{t-1} 分为四部分，它们的中心位置分别为 $[w_1(t-1), ?_1(t-1)]$，$[w_2(t-1), ?_2(t-1)]$，$[w_3(t-1), ?_3(t-1)]$，$[w_4(t-1), ?_4(t-1)]$。

用公式（6.1）在所有图像块上训练一个新的分类器，因此我们可以得到四个不同的分类器。然后分别处理和运行四种基于块的跟踪算法，并通过公式（6.3）更新相应的模型。此外，Danelljan 等人[12,13]和 Jiang 等人[32]提到的降维方法用来提高跟踪速度。

只要能定位到目标的位置，就可以从新的帧中计算出尺度因子。首先，从图像中半径为 $\rho w_{t-1}\times\rho ?_{t-1}$ 内抽取以 P_{t-1} 为中心的图像块中心点 z_{t0}，通过公式（6.4）计算置信度得分。然后通过查找置信度最大得分的位置就可以得到第 t 帧中的目标位置 p_t。接下来，从图像中半径 $w_{t-1}\times ?_{t-1}$ 内抽取中心为 p_t 的候选图像块 z_{t1}，并建立一个以 p_t 中心的坐标系统，如图 6.1 所示。然后，通过公式（6.4）可计算得到每块图像的置信度得分和得分最高的四个匹配点，即 $[w_1(t), ?_1(t)]$，$[w_2(t), ?_2(t)]$，$[w_3(t), ?_3(t)]$，$[w_4(t), ?_4(t)]$。

因此，可以通过下式计算得到尺度因子 r_t：

$$r_t = \sqrt{\left(\frac{\sum_{j=1}^{4} \delta_j \left|\omega_j(t)\right|}{\sum_{i=1}^{4} \delta_i \left|\omega_i(t-1)\right|}\right) * \left(\frac{\sum_{j=1}^{4} \delta_j \left|?_j(t)\right|}{\sum_{i=1}^{4} \delta_j \left|?_i(t-1)\right|}\right)} \tag{6.5}$$

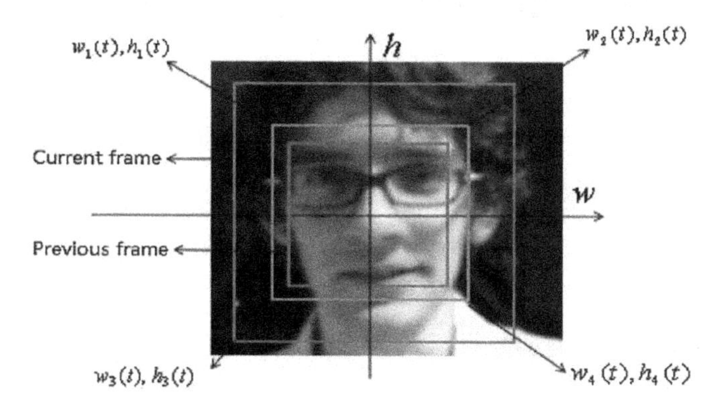

图 6.1　跟踪过程中的比例计算图

其中权重 δ_j 的目的是去除异常匹配点，使结果更具有鲁棒性，δ_j 定义如下：

$$\delta_i \begin{cases} 1, \begin{cases} \tau_1 < \left|w_i(t)\right| < \tau_2 \\ \tau_3 < \left|?_i(t)\right| < \tau_4 \\ \left|\left|w_i(t)\right| - \left|?_i(t)\right|\right| < \tau_5 \end{cases} \\ 0,\ ot?\ erwise \end{cases} \tag{6.6}$$

其中 $\tau_1 \sim \tau_5$ 是作为先验参数的阈值。第 t 帧中的尺度 $w_t \times ?_t$ 可以通过下式计算得到：

$$\begin{cases} ?_t = \gamma_t ?_{t-1} = ?_1 \prod_{i=2}^{t} \gamma_i \\ \omega_t = \gamma_t \omega_{t-1} = \omega_1 \prod_{i=2}^{t} \gamma_i \end{cases} \tag{6.7}$$

最后，在第 t 帧中，半径为 $\rho w_t \times \rho ?_t$ 内利用公式（6.3）抽取以 p_t 为中心的图像块 x_t，然后更新目标的形状参数及其系数。

6.3 基于自适应尺度核相关滤波目标跟踪算法

在训练过程中，我们需要标记每个样本作为预期的训练输出。在 CN 跟踪算法中，高斯函数定义如下：

$$y(m,\ n)=\exp\left(-\frac{|p-p_0|^2}{2\sigma^2}\right) \tag{6.8}$$

其中σ是空间带宽，与目标大小成正比，$p_0=(m_0,\ n_0)$是目标的位置，因此$|p-p_0|=\sqrt{(m-m_0)^2+(n-n_0)^2}$，在点$p_0=(m_0,\ n_0)$处，我们可以得到如下公式：

$$\begin{cases} y|_{p=p_0}=\max(y)=1 \\ \frac{\partial_y}{\partial_m}|_{p=p_0}=\frac{\partial_y}{\partial_n}|_{p=p_0}=0 \end{cases} \tag{6.9}$$

从公式（6.9）中可以看出，高斯函数的偏微分在最大值点处等于 0，这意味着这些响应点太近而无法辨别。CN 跟踪算法通过寻找最大置信度得分来估计图像模板的目标位置，因此公式（6.8）中使用的高斯函数会得到异常位置问题，特别是在计算尺度时[27,32]。在实验部分，我们已经验证了这个现象。为了解决这个问题，我们使用公式（6.10）来代替目标位置的预期训练输出：

$$\tilde{y}(m,\ n)=\exp\left(-\frac{|p-p_0|}{2\theta}\right) \tag{6.10}$$

其中$0<\theta<1$是一个常数。公式（6.10）的偏微分可写成如下公式：

$$\begin{cases} \frac{\partial_y}{\partial_m}=-\frac{m-m_0}{2\theta|p-p_0|}\exp\left(-\frac{|p-p_0|}{2\theta}\right) \\ \frac{\partial_y}{\partial_n}=-\frac{n-n_0}{2\theta|p-p_0|}\exp\left(-\frac{|p-p_0|}{2\theta}\right) \end{cases} \tag{6.11}$$

特别地，在点$p_0=(m_0,\ n_0)$处函数的值及其的偏微分表示如下：

$$\begin{cases} \tilde{y}\mid_{p-p_0} = \max(\tilde{y}) = 1 \\ \dfrac{\partial_{\ y}}{\partial_{\ m}}\Big|^{m=m_0^+}_{n=n_0} = -\dfrac{1}{2\theta},\ \dfrac{\partial_{\ y}}{\partial_{\ m}}\Big|^{m=m_0^-}_{n=n_0} = \dfrac{1}{2\theta} \\ \dfrac{\partial_{\ y}}{\partial_{\ n}}\Big|^{n=n_0^+}_{m=m_0} = -\dfrac{1}{2\theta},\ \dfrac{\partial_{\ y}}{\partial_{\ n}}\Big|^{n=n_0^-}_{m=m_0} = \dfrac{1}{2\theta} \end{cases} \tag{6.12}$$

其中 $m = m_0^+$ 和 $n = n_0^+$ 表示为右导数，$m = m_0^-$ 和 $n = n_0^-$ 表示为左导数。公式（6.12）中的左右导数与 θ 成反比，这意味着这些响应值很容易辨别。同时，也很容易定位目标并减少跟踪过程中的不准确性。

6.4 实验结果与分析

6.4.1 实验配置及参数设置

所有实验均在 Intel i5 CPU，4 GB 内存的台式机上进行。算法在 MATLAB 2013 上实现，测试数据采用 10 个尺度变化较大的基准彩色视频，扩展系数设置为 $\rho = 2$。

将扩展后的图像块 $W \times H$ 调整为 128×128；目标大小为 64×64，因此四个子图像块为 32×32。自适应低维颜色属性 D2 设为 3，而 Danelljan 等人使用的是 D2 = 2[12,13]，最优参数值在区间[0.01，1]内，步长为 0.01，其中扩展图像块的参数设置为 $\theta = 0.56$，四个子块的参数设置为 $\theta_{patch} = 0.6$，五个先验参数的阈值设置为 $\tau_1 = \lfloor 0.85 * W/4\rho \rfloor = 13$，$\tau_2 = \lceil 1.15 * W/4\rho \rceil = 19$，$\tau_3 = \lfloor 0.85 * H/4\rho \rfloor = 13$，$\tau_4 = \lceil 1.15 * H/4\rho \rceil = 19$，$\tau_5 = \lceil 0.1 * \sqrt{WH}/4\rho \rceil = 19$，其中$\lfloor\ *$表示为向下舍入，$*\ \rceil$表示为向上舍入。参数 τ_1、τ_4 是对尺度因子大小的限制，设置在 0.85 到 1.15 之间。τ_5 是保证图像

块的宽度和高度可以同时放大或缩小。其他参数与传统的 CN 跟踪算法的参数一致。

6.4.2 算法的定量分析

为了定量分析跟踪算法的性能，我们使用中心定位误差（CLE）和重叠率精度（OR）进行分析和评估[32-34]。CLE 是估计的中心位置与目标基准位置点之间的欧氏距离，该值越小，跟踪准确度越高。OR 定义为 $\xi \in [0, 1]$，表示目标边界相对于参考边界超过阈值的帧的百分比，该值越大，跟踪准确度越高，如 Min 等人所述[26]，我们也将覆盖阈值设置为 0.5。

表 6.1 给出了本章提出的自适应尺度算法的跟踪结果。以没有尺度计算的传统 CN 跟踪算法作为比较基准，可以看出，所提出的跟踪算法使用权重 δ_i 能够去除异常匹配点，比传统的 CN 跟踪算法在平均 OR 指标上要高 15%，在平均 CLE 测度上，也有相同性能的提高，而且还减少了 64.8 个像素。这也证明了用公式（6.10）做为替代对高斯期望输出可以降低定位的不准确性。与传统的 CN 跟踪算法相比，通过在跟踪算法中使用公式（6.6）和（6.10）能明显提高平均覆盖率，并且平均中心位置的定位误差减少 77.1 个像素。这些实验结果清楚地表明本章提出的尺度计算算法在跟踪任务中的有效性和鲁棒性，然而，所提出的算法的性能提升是以高计算复杂度为代价的。与传统的 CN 跟踪算法相比，我们发现所提出的跟踪算法的平均速度从 168 帧/秒下降到了 64 帧/秒。

在几个基准的视频上，所提出的算法与相应的比较文献中提出的跟踪算法，例如 color-names（CN）跟踪算法[12,13]、MTT[20]、meanshift[13]，STC[15] 和 MIL[8] 进行分析和比较可以发现，在常用的评价指标平均 CLE 和 OR 上，所提出的算法表现出较好的性能。仿真结果如表 6.1 所示。同时，我们还提供了跟踪速度的比较，最好的结果用黑色标记。

在现有的跟踪算法中，STC 算法在平均 CLE 上表现最好，达到 30.6，而本章所提出的算法在提高了跟踪准确度同时减少了跟踪误差，平均 CLE 也达到了 21.4。此外，MTT 算法在现有跟踪算法中平均 OR 上表现最好，达到了 71.4%，而本章所提出算法的平均 OR 为 85.2%，优于其他算法。同时，通过把比较算法的 OR 性能按降序排列可以看出，本章所提的算法比最好的三种算法都要快，例如比 MTT 快 24 帧，比 meanshift 算法快 4 倍，比 STC 算法快 90 倍。实验结果如表 6.2 所示，其中平均 CLE 和 OR 是所有跟踪结果的平均值。由于篇幅限制，本章没有在表 6.1 中给出 meanshift 算法的结果。

图 6.2 包含了每个跟踪算法在三个视频片段上的平均 OR。从图中可以看出，本章所提出的算法远远优于现有的最佳算法（STC 和 MTT）。综上所述，本章所提出的算法比现有算法更有效、更鲁棒，并且计算尺度也更加准确。

本章所提出的算法对其他跟踪问题也具有鲁棒性，如遮挡、旋转和背景干扰。在面对这些挑战时，本章所提出的跟踪算法仍可以准确计算目标的尺度和位置。

表 6.1 自然视频序列的定量分析

Sequences index	OR					CLE				
	CN	STC	MIL	MTT	Ours	CN	STC	MIL	MTT	Ours
Deer	0.615	0.607	0.612	0.552	0.753	8.2	8.6	18.8	10.1	6.5
Car4	0.905	0.922	0.539	0.882	0.881	3.7	3.0	4.0	5.2	4.4
Car11	0.825	0.808	0.391	0.782	0.843	1.7	2.2	1.8	1.9	1.6
Cliffbar	0.457	0.543	0.504	0.516	0.737	25.3	21.4	22.7	11.3	4.3
DavidIndoor	0.757	0.800	0.398	0.782	0.860	5.1	3.7	3.7	3.6	4.0
Faceocc2	0.822	0.836	0.718	0.835	0.836	4.5	4.0	4.2	6.9	3.8
Girl	0.716	0.593	0.623	0.485	0.710	12.7	12.4	41.8	19.0	12.5
Jumping	0.682	0.687	0.109	0.712	0.794	5.0	5.0	4.7	8.2	4.6
Occlusion1	0.879	0.931	0.290	0.834	0.892	7.0	4.7	3.4	9.1	6.1
Singer1	0.797	0.822	0.387	0.878	0.752	5.3	4.7	3.3	4.9	7.1
Stone	0.506	0.663	0.352	0.626	0.548	3.6	1.7	2.4	2.9	3.2

续表

Sequences index	OR					CLE				
	CN	STC	MIL	MTT	Ours	CN	STC	MIL	MTT	Ours
Woman	0.751	0.701	0.619	0.657	0.820	2.3	20.2	66.9	10.9	2.4

Bold values indicate the best results obtained by the adopted methods

6.4.3 算法的定性分析

从表 6.1 所示的结果可以看出，本章所提出的算法取得了最好的结果。对于 DavidIndoor 视频序列，目标快速移动，这使得它在连续帧之间发生了很大的位移，尽管 CN 算法在目标快速移动时无法跟踪目标，但本章提出的算法在简单序列中表现良好。这是因为依据先前目标轨迹，相关滤波可以准确地估计目标的位置。连续帧之间目标位移得到改善，这使得 CN 算法能够成功地跟踪目标。此外，当 CN 算法无法跟踪目标时，检测器会找到目标位置并重新初始化 CN 算法。在 Car1 视频序列中，在 15 帧处，目标经历完全被遮挡，所提出的算法在目标重新出现后，跟踪性能表现良好，这是因为相关滤波在目标被完全遮挡时能够预测出目标的位置，当目标重新出现时，CN 算法可以利用预测的目标位置成功跟踪目标，如图 6.3 所示。图 6.3（a）给出了 7 种不同算法计算出的三个视频中目标的中心位置误差，图 6.3（b）给出了重叠成功率。在 Girl 视频序列中，目标尺度在变得越来越小。本章所提出的方法在检测器的帮助下能够估计出目标的尺度。在行人序列中，当目标模型因光照变化而发生改变时，CN 和 struck 算法都无法跟踪到目标。

表 6.2 不同跟踪算法的定量比较

Indexes	MTT	Meanshift	Ours	MIL	CN	STC
CLE	44.7	31.4	9.2	30.6	86.3	57.3
OP（%）	71.4	62	85.3	57.9	44.8	30.1
FPS	40	15.9	64	256	168	164

Bold values indicate the best results obtained by the adopted methods

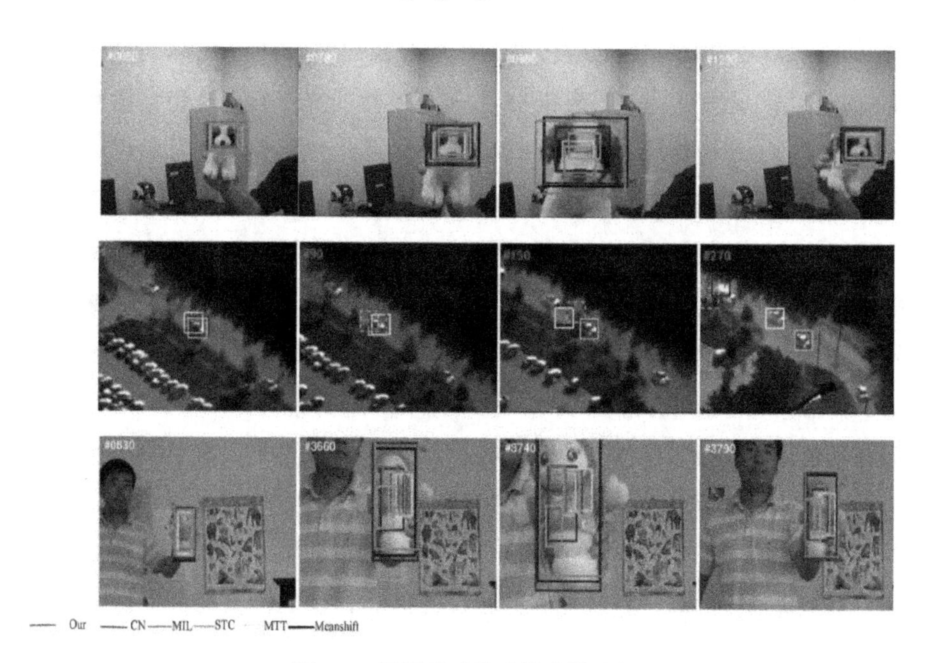

图 6.2　不同跟踪算法的定性分析

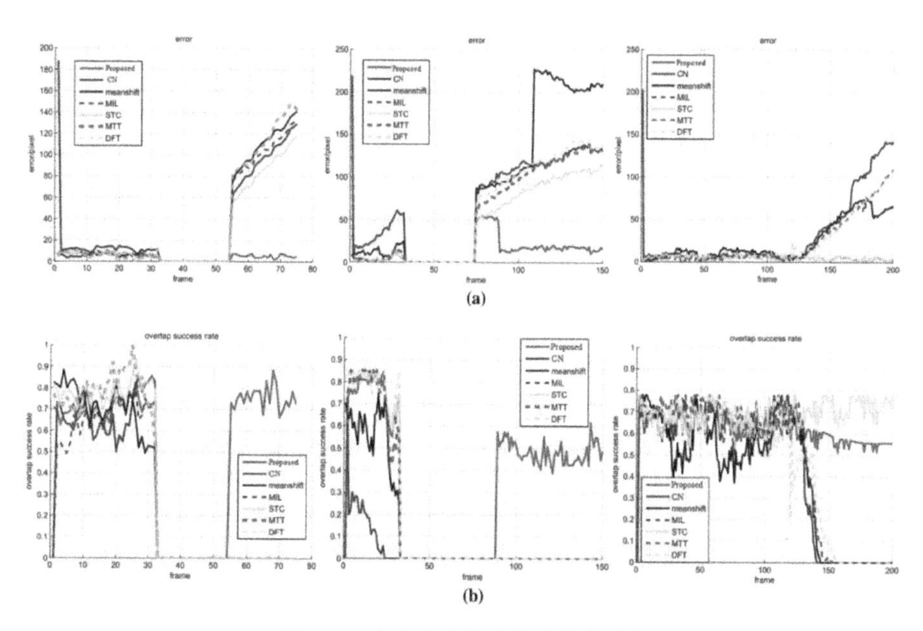

图 6.3　中心定位误差及重叠成功率

此外，目标跟踪算法中每帧的平均计算时间如表 6.2 所示，其中基于

CN 的跟踪器最显著的优点是它可以在相对较短的时间内跟踪到目标，传统 CN 算法的最短计算时间为 3.85s。虽然本章所提出的算法包含检测和学习过程，但本章对检测过程也进行了讨论。因此，为了解决目标尺度变化下跟踪不稳定的问题，在基于跟踪的检测框架下，本章提出了一种基于改进核相关滤波的新颖有效的尺度计算算法。通过将目标分成四个子块，使用具有颜色属性的核相关过滤来匹配每个块的中心位置。这样，尺度计算问题就转化为目标块的中心定位问题。此外，为了解决定位不准确的问题，本章提出了使用加权系数去除异常匹配点，并将传统分类器的预期训练输出转化为其他可操作的形式。实验结果清楚地表明，本章所提出的算法优于其他比较算法，并且可以实时处理具有挑战性的视频。

调整输入子窗口的大小以致于计算速度不会增加太多，实验结果表明，本章所提出的算法具有良好的跟踪性能和较少的计算时间，因此它能成功地应用于实时的跟踪环境中，这是因为所提出的算法融合了传统的 CN 算法和尺度空间算法，它具有跟踪速度快、高鲁棒性、抗干扰和 KCF 算法抗遮挡的优势。

6.5 本章小结

近年来，基于相关滤波的目标跟踪模型取得了巨大的成功。然而，大多数这些方法依赖相关滤波单独地训练很多分类器，无法应对目标显著性外观和尺度的变化以及复杂且富有挑战性的环境。在视觉目标跟踪应用中，如何准确、鲁棒地计算相对于模板的目标尺度是国内外的一个挑战课题。许多现有的跟踪算法并不能很好地处理复杂视频中的大尺度变化问题。为了解决该问题，本章提出了一种基于通过检测来实现跟踪的新颖且有效尺度计算算法。将跟踪目标分为四部分，分别计算它们的尺度因子，然后采用基于颜色属性的核相关滤波得到最大响应位置。特别地，针对目标定位的困难问题，使用加权系数去除异常匹配点，并将普通分类器的期望训练输出转化为其他形式。仿真实验结果表明，本章所提出的算法在大尺度变化的彩色视频中的性能要优于其他算法。

参考文献

[1] Yang H, Zhong D, Liu C et al (2018) Robust visual tracking based on deep convolutional neural networks and kernelized correlation flters. J Electron Imaging 27 (2): 1.

[2] Ping L, Jiashi F, Xiaojie J et al (2018) Online robust low-rank tensor modeling for streaming data analysis. IEEE Trans Neural Netw Learn Syst 30: 1-15.

[3] Kong L, Huang D, Qin J et al (2019) A joint framework for athlete tracking and action recognition in sports videos. IEEE Trans Circuits Syst Video Technol 99: 1-1.

[4] Imran J, Raman B (2020) Evaluating fusion of RGB-D and inertial sensors for multimodal human action recognition. J Ambient Intell Human Comput 11 (1): 189-208.

[5] Yolcu Gozde, Oztel Ismail, Kazan Serap, Oz Cemil, Bunyak Filiz (2020) Deep learning-based face analysis system for monitoring customer interest. J Ambient Intell Hum Comput 11 (1): 237-248.

[6] Lee S (2020) Using entropy for similarity measures in collaborative fltering. J Ambient Intell Human Comput 11 (1): 363-374.

[7] Chen Y, Wang J, Xia R, Zhang Q, Cao Z, Yang K (2019) The visual object tracking algorithm research based on adaptive combination kernel. J Ambient Intell Hum Comput 10 (12): 4855-4867.

[8] Hare S, Safari A, Torr PHS (2011) Struck: structured output tracking with kernels. In: ICCV, pp 263-270.

[9] Zhang K, Zhang L, Yang M-H (2012) Real-time compressive tracking. In: ECCV, 2012, pp 864-877.

[10] Li C, Liu X, Su X et al (2018) Robust kernelized correlation flter with

scale adaption for real-time single object tracking. J Real-Time Image Process.

[11] Wang X, Hou Z, Yu W et al (2018) Robust occlusion-aware part-based visual tracking with object scale Adapt Pattern Recognit.

[12] Danelljan M, Khan FS, Felsberg M, van de Weijer J (2014) Adaptive color attributes for real-time visual tracking. In: CVPR, pp 1090-1097.

[13] Danelljan M, Häger G, Khan FS, Felsberg M (2014) Accurate scale estimation for robust visual tracking. In: BMVC, pp 1-5.

[14] Henriques JF, Caseiro R, Martins P, Batista J (2015) High-speed tracking with kernelized correlation flters. IEEE Trans Pattern Anal Mach Intell 37 (3): 583-596.

[15] Zhang K, Zhang L, Liu Q, Zhang D, Yang M-H (2014) Fast visual tracking via dense spatio-temporal context learning. In: ECCV, pp 127-141.

[16] Wang D, Lu H (2014) Visual tracking via probability continuous outlier model. In: CVPR, pp 3478-3485.

[17] Kalal Z, Mikolajczyk K, Matas J (2012) Tracking-learning-detection. IEEE Trans Pattern Anal Mach Intell 34 (7): 1409-1422.

[18] Bao C, Wu Y, Ling H, Ji H (2012) Real time robust L1 tracker using accelerated proximal gradient approach. In: CVPR, pp 1830-1837.

[19] Wang D, Lu H, Yang M-H (2013) Least soft-threshold squares tracking. In: CVPR, pp 2371-2378.

[20] Zhuang B, Lu H, Xiao Z, Wang D (2014) Visual tracking via discriminative sparse similarity map. IEEE Trans Image Process 23 (4): 1872-1881.

[21] Guo S, Zhang T, Song Y, Qian F (2018) Color feature-based object tracking through particle swarm optimization with improved inertia weight. Sensors 18 (4): 1292.

[22] Kim HI, Park RH (2018) Residual LSTM attention network for object tracking. IEEE Signal Process Lett 25 (7): 1029-1033.

[23] Qian P, Jiang Y, Deng Z, Hu L, Sun S, Wang S, Muzic RF Jr (2016) Cluster prototypes and fuzzy memberships jointly leveraged crossdomain maximum entropy clustering. IEEE Trans Cybern 46 (1): 181–193.

[24] Huang W, Lin L, Huang T et al (2018) Scale–adaptive tracking based on perceptual hash and correlation flter. Multimed Tools Appl.

[25] Chen K, Tao W (2019) Learning linear regression via single–convolutional layer for visual object tracking. IEEE Trans Multimed 21 (1): 86–97.

[26] Min J, Jianyu S, Jun K et al (2018) Regularisation learning of correlation flters for robust visual tracking. IET Image Process 12 (9): 1586–1594.

[27] Qian P, Jiang Y, Wang S, Su K, Wang J, Hu L, Muzic RF Jr (2017a) Afnity and penalty jointly constrained spectral clustering with all – compatibility, fexibility, and robustness. IEEE Trans Neural Netw Learn Syst 28 (5): 1123–1138.

[28] Wang D, Lu H, Bo C (2014) Online visual tracking via two view sparse representation. IEEE Signal Process Lett 21 (9): 1031–1034.

[29] El–Fouly FH, Ramadan RA, Mahmoud MI et al (2018) Efcient REBTA data reporting algorithm for object tracking in wireless sensor networks. Int J Commun Syst 31: e3528.

[30] Md I, Guoqing H, Qianbo L (2018) Online model updating and dynamic learning rate–based robust object tracking. Sensors 18 (7): 2046.

[31] Qian Pengjiang, Zhao Kaifa, Jiang Yizhang, Kuan Hao Su, Deng Zhaohong, Wang Shitong, Muzic Jr. Raymond F (2017b) Knowledgeleveraged transfer fuzzy cmeans for texture image segmentation with selfadaptive cluster prototype matching". Knowl Based Syst 130: 33–50.

[32] Jiang Y, Deng Z, Chung F, Wang G, Qian P, Choi K, Wang S (2017) Recognition of epileptic EEG signals using a novel multiview TSK fuzzy system. IEEE Trans Fuzzy Syst 25 (1): 3–20.

[33] Jiang Y, Chung F, Wang S, Deng Z, Wang J, Qian P (2015a) Collaborative fuzzy clustering from multiple weighted views. IEEE Trans Cy-

bern 45（4）：688-701.

[34] Jiang Y，Chung F，Ishibuchi H et al（2015b）Multitask TSK fuzzy system modeling by mining intertask common hidden structure. IEEE Trans Cybern 45（3）：548-561.

重叠视域多摄像机协同的目标跟踪研究

7.1 引言

在视频监控系统中，由于单个摄像机视域的限制，只用一个摄像机是很难有效地，甚至是无法监控一个广阔的区域的。因此，广阔区域的有效监控必须使用多个摄像机。要实现多摄像机网络中行人的连续监控与跟踪，就必须建立摄像机之间的行人关联。对于具有重叠视域的多个摄像机之间的行人关联，重叠视域内摄像机之间的特征几何关系对建立行人关联起着重要的作用。基于特征几何关系限制的研究大都要假定场景的地面是一个平面或者摄像机的标定已知。然而，在许多监控场景中，这样的假设是很难得到满足的。因此，实现具有多个平面地面场景的摄像机之间的行人关联是一项有挑战性的工作。本章巧妙地采用了重叠视域内摄像机之间的特征几何关系，能够自适应地计算得到相对于地平面的各个平面的单应性矩阵（homography），从而能有效地解决多平面地面场景的行人关联问题。

基于特征几何关系限制的重叠视域摄像机之间的行人关联已经具有许多研究成果。根据所使用特征的类型，已有的相关工作可分为两种类型：基于区域的方法和基于点的方法。基于区域的方法一般将行人看作一个区域并且使用区域的特征来匹配不同视点之间的行人。在基于区域的方法中，颜色是一个很广泛使用的特征。Orwell 等人[7]和 Krumm 等人[8]使用行人表观的颜色直方图匹配去实现不同摄像机之间的行人关联。而 Mittal 等人[11]运用高斯颜色模型解决摄像机之间的行人关联问题。然而，基于颜色的行人关联方法是非常不稳定的，这是因为，第一，这种方法大大地依赖于行人衣服的颜色，当不同行人穿着相似颜色衣服的时候，这种方法很容易产生错误的关联。第二，摄像机视点的不同及光照的变化也会产生相同的行人在不同摄像机中所观察到的行人图像具有不同的颜色。第三，当一个人穿着的衣服颜色左右完全不同（如图 7.1 所示的阴阳服）时，从左右两个不同视点观察到的行人很可能就会被认为是不同的两个人。

图 7.1　左右颜色完全不同的阴阳服

由于基于区域方法的缺陷，一种更可行的方法是基于视点之间的特征几何关系来实现摄像机之间的行人关联。基于特征几何关系的方法使用最多的特征是点特征。根据所用几何关系的类型不同，这类方法可进一步分成两类：二维方法和三维方法。二维方法主要考虑利用地面平面具有的单应性矩阵实现特征点之间的对应。Khan 等人[4,9]利用地面平面所具有单应性矩阵及行人站立于地面的脚点实现多摄像机视点之间的行人关联。Black 等人[12]利用行人的质心实现不同摄像机之间的行人关联。无论是基于脚点还是质心的方法，都要求行人在摄像机中被准确地检测到。但如果行人的部分身体被遮挡，那么基于脚点或质心的方法在实现摄像机之间的行人关联时，通常会出现不准确的关联结果。为了克服这些方法的缺点，胡卫明等人[6]提出了一种基于行人的主轴和地面平面单应性矩阵来实现两个摄像机之间的行人关联的方法。虽然基于地面平面单应性矩阵的方法获得了较好的效果，但这种方法不能应用于多个平面地面的场景。如果监控的场景是高低不平的，即场景的地面具有多个平面，那么基于一个地面平面单应性矩阵实现的摄像机之间的行人关联可能会出现错误的结果。

关于三维方法，又有两种方案建立多摄像机之间的行人关联。第一种方案是将各个摄像机内的所有特征点变换到相同的三维空间，然后在不同摄像机之间搜索具有相同三维投影点的特征点，通过不同摄像机之间相对应的特征点就可实现摄像机之间的行人关联。Tsutsui 等人[1]和 Utsumi 等人[13]采用行人的质心作为特征点并将各个摄像机中的特征点变换到三维空间中，通过在世界坐标系统中建立对应的三维质心来实现摄像机之间的行人关联。Kelly 等人[2]提出的方法是利用摄像机的标定信息建立三维场景模型，然后对不同摄像机中的行人估计其在三维场景中的位置，最后通过具有相似的三维位置来实现不同摄像机之间的行人关联。三维方法的另一种方案是利用三维极线（epipolar）约束来实现不同摄像机之间的行人关联。Cai 等人[3]利用相邻摄像机之间的相对标定来获得极线约束，基于这些极线约束，通过匹配行人上半部分身体的特征点集来建立不同摄像机之间的行人关联。由于摄像机具有景深的原因，三维方法都需要事先对摄像机进行标定。对大型的监控系统而言，要对所有的摄像机进行标定将是一项艰巨的工作，因此基于三维方法的摄像机之间的行人关联具有一定的局限性。

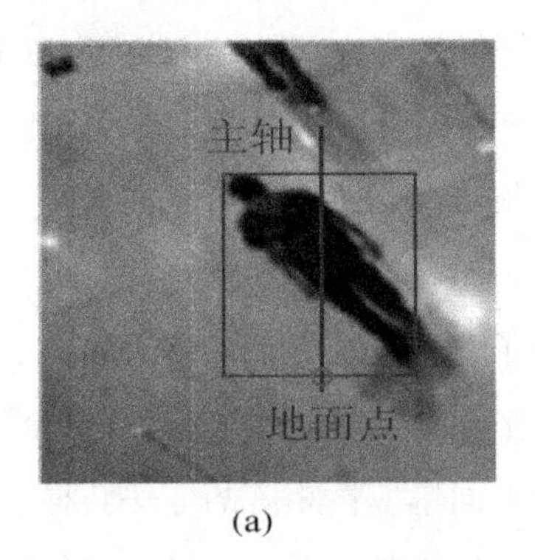

(a)

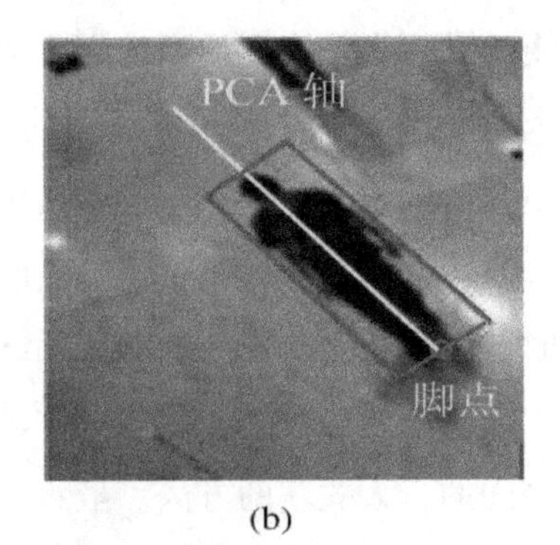

(b)

图 7.2　基于主轴的地面点和基于 PCA 轴的脚点

本章我们提出了采用行人的 PCA 轴来确定行人与地面接触的脚点，而不是像胡卫明等人[6]提出的用行人的主轴来找到“地面点”。然后通过这些特征点来实现行人在多摄像机之间的关联。如果放置的摄像机相对于行人来说是倾斜的，那么该行人在这个摄像机图像平面上的成像也是倾斜的。这样，基于胡卫明等人[6]提出的“地面点”将不会正确地对应于行人与地面的真实交点，而在这种情况下，基于 PCA 轴的“脚点”能够获得更准确的结果。图 7.2（a）和（b）分别给出了摄像机倾斜放置时，基于主轴的地面点和基于 PCA 轴的脚点。从图中可以看出，基于 PCA 轴的脚点更加准确。由于以前的方法只能解决基于平面地面场景的摄像机之间的行人关联问题，这里受 Khan 和 Shah[14,15]提出的协同使用多摄像机去解决复杂场景遮挡问题的启发，我们提出了利用摄像机视点之间的几何约束，能够自适应地获得平行于最低地面平面的不同高度平面的单应性矩阵，从而在具有多个平面地面的场景中，就能使用不同高度平面的单应性矩阵实现行人位于不同高度地面的多摄像机之间的行人关联。图 7.3 给出了两个重叠视域摄像机之间行人关联的处理过程。

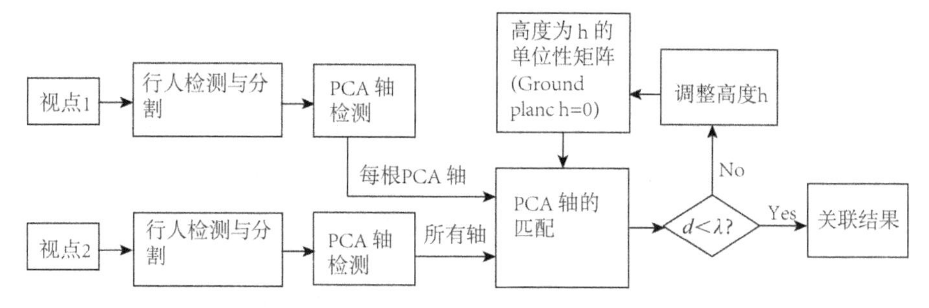

图 7.3 两个重叠视域摄像机之间行人关联的处理过程

7.2 单个摄像机行人 PCA 轴及脚点的确定

本节我们主要介绍各个摄像机的图像平面上行人的检测、单个行人的分割、单个行人 PCA 轴及脚点的确定。

7.2.1 行人的检测与分割

本小节我们采用第 2 章提出的行人检测方法在各个摄像机的图像平面上检测行人。然而，如果我们事先能确定监控的场景中只有行人这类运动目标时，那么一种自适应背景减除方法[16]可简化行人的检测，直接用背景减除后的前景区域作为图像平面上的行人区域。单个摄像机内的行人跟踪采用卡尔漫滤波方法[17]。行人的状态用（x，y，v_x，v_y）表示，其中（x，y）表示行人在图像平面上的位置，v_x，v_y表示行人的速度。在图像平面上，我们用行人站立在地面上的脚点（x，y）来代表着一个行人的位置。

在图像平面上检测到行人区域后，需要对行人区域进行分割以获得单个的行人，从而才能实现摄像机之间的行人关联与识别。令 I（x，y）为二进制的行人前景区域，（x，y）T 是前景区域中像素的坐标向量。首先我们提出用主成分分析（PCA）方法对整个行人前景区域建立一个新的坐标系统以消除摄像机倾斜的影响。这里的 PCA 方法是将行人前景区域中所有像素坐标形成一个二维向量的集合。也就是，在这个行人前景区域内的每一个像素都被认为是一个二维向量（x，y）T，其中 x 和 y 分别是该像素的两个坐标值。经过 PCA 变换后，新坐标系统两个轴的方向分别为行人前景区域形成的二维坐标向量集合的协方差矩阵的两个特征向量方向。对大多数摄像机而言，一般倾斜的角度并不是很大，因此，我们定义行人前景区域的 PCA 轴为新坐标系统的两个轴与图像平面的垂直轴之间角度较小的那个坐标轴。

此外，我们需要确定检测到的行人前景区域是单个的行人还是一组行人。参照 Haritaoglu 等人[10]提出的方法，我们使用垂直投影直方图方法[18]在新的坐标系统中分割出单个的行人。垂直投影直方图是通过投影行人前景区域的所有像素到与 PCA 轴相垂直的轴上而获得的一个直方图。令 $I(x', y')$ 为新坐标系统中二进制行人前景区域，其中 x' 和 y' 分别表示新坐标系统中的水平轴和垂直轴。垂直投影直方图可由下式得到：

$$h(x') = \sum_{y'=1}^{H} I(x', y'),\ x' \in [1, W] \tag{7.1}$$

其中 H 和 W 分别是新坐标系统中行人前景区域的高度和宽度。垂直投影直方图上的明显峰值区域对应着一个行人。该峰值阈值的大小被选为整个直方图的平均值。图 7.4（a）-（d）给出了倾斜放置摄像机所拍摄的行人分割的一个例子。

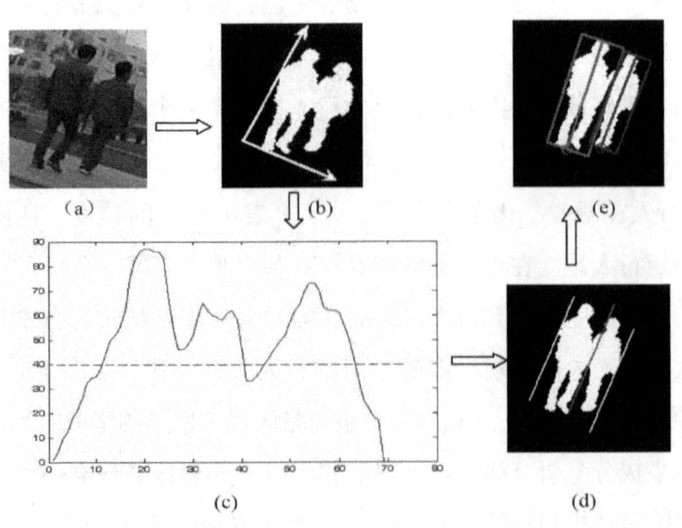

图 7.4　摄像机被倾斜放置时行人分割的一个例子

7.2.2 单个行人 PCA 轴及脚点的确定

通过上一小节介绍的行人检测与分割，我们获得了各个摄像机图像平面上的单个行人。对分割后的每一个行人，我们在该行人的前景区域上再次使用 PCA 方法以确定该行人的 PCA 主轴。在大多数情况下，行人的高度要比他的宽度大得多，因此该行人的 PCA 主轴方向是由这个行人前景区域形成的二维坐标向量集合的协方差矩阵的最大特征值对应的特征向量的方向给出。类似于胡卫明等人[6]的方法，最后 PCA 主轴定义为该行人前景区域像素与轴 l 之间的垂直距离平方的最小中值所对应的轴。该 PCA 主轴的定义由下式给出：

$$L = \min_{l} median_i \{D(X_i, l)^2\} \tag{7.2}$$

其中 X_i 为该行人第 i 个前景像素在新坐标系统中的坐标向量，l 是与 PCA 主轴具有相同方向的轴，$D(X_i, l)$ 是第 i 个前景像素与轴 l 之间的垂直距离。图 7.4（d）-（e）给出了所有单个行人的 PCA 主轴的确定。

类似于胡卫明等人[6]提出的“地面点”检测方法，对图像平面上检测到的每一个行人的 PCA 主轴，我们去找到该 PCA 主轴与包含该行人前景区域所有像素的方框底部边线的交点。如果这个交点与该行人通过卡尔漫滤波得到的预测位置之间的距离较小，则这个交点就被认为是该行人 PCA 主轴的脚点。否则，预测位置到 PCA 主轴的垂线与 PCA 主轴的交点被认为是脚点。这是因为如果行人的下半部分被遮挡，那么下半部分就不能够被检测得到，这时 PCA 主轴与包含该行人前景像素的方框底部边线的交点就不能被作为脚点。另外，在视频监控中相邻两帧之间的变化较小，当遮挡发生时，预测位置到 PCA 主轴的垂线与 PCA 主轴的交点能获得更准确的脚点位置。图 7.4（e）给出了在倾斜摄像机里所有单个行人脚点的位置。

7.3 多摄像机单应性约束原理

7.3.1 两摄像机视点之间的单应性矩阵

要计算两摄像机视点之间的单应性矩阵，必须假定这两个不同的视点共享同一个地面平面。只有在同一个平面上的点才能通过该平面的单应性矩阵实现两视点之间点对的一致性对应。

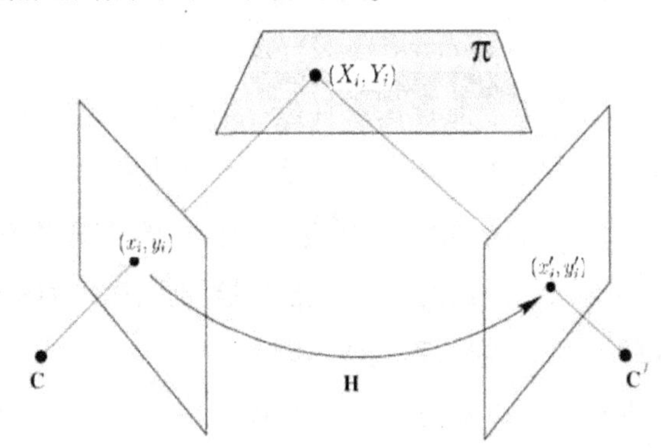

图 7.5 平面 π 上通过单应性矩阵 H 实现的两点之间的对应

图 7.5 给出了在平面 π 上通过单应性矩阵 H 实现的两点（x_i，y_i）和（x_i'，y_i'）之间的对应。令（x_i，y_i）和 I(x_i'，y_i') 表示实际场景中 π 平面上的一个点（X_i，Y_i）分别在两个视点的图像平面上的成像点对，定义一个 3×3 矩阵：$H=\begin{pmatrix} h_{11} & h_{12} & h_{13} \\ h_{21} & h_{22} & h_{23} \\ h_{31} & h_{32} & 1 \end{pmatrix}$，它表示基于 π 平面的两个视点之间的单应性矩阵。单应性矩阵 H 可由 π 平面上的 4 对点对进行计算得到，具体计算过程可参照 Bradshaw 等人[5]提出的方法。基于单应性矩阵 H，实际场景中 π 平面上的一个点（X_i，Y_i）在这两个图像平面上的成像点对（x_i，y_i）和（x_i'，y_i'）之间的关系可由下式表示：

$$\begin{pmatrix} x_i' \\ y_i' \\ 1 \end{pmatrix} = \begin{pmatrix} h_{11} & h_{12} & h_{13} \\ h_{21} & h_{22} & h_{23} \\ h_{31} & h_{32} & 1 \end{pmatrix} \begin{pmatrix} x_i \\ y_i \\ 1 \end{pmatrix} \tag{7.3}$$

7.3.2 不同高度平面自适应单应性矩阵的计算

这一小节我们将研究平行于最低地面平面，高度为 h 的平面上单应性矩阵的自适应计算。令 Ground 平面（$h = h_0$）是场景中的最低地面平面，H_h0 是两个摄像机视点 i 和 j 之间基于 Ground 平面的单应性矩阵。这个矩阵 H_h0 可以运用 Ground 平面上的特征点通过尺度不变特征变换（SIFT）[97] 的特征匹配和 RANSAC 算法[98] 自动地计算得到。

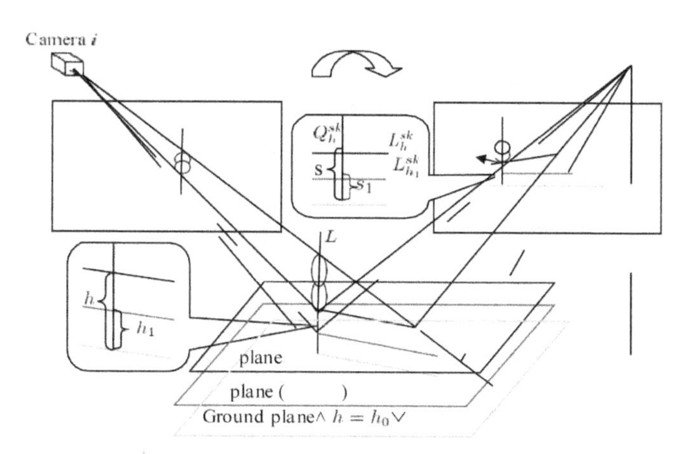

图 7.6 基于两视点之间几何关系的平行于 Ground 平面高度为 h 平面的单应性矩阵计算

图 7.6 给出了基于两摄像机视点之间几何关系的平行于 Ground 平面，高度为 h 平面的单应性矩阵的计算。在图 7.6 中，L_i^s 表示视点 i 中行人 s 的 PCA 主轴，P_i^s 表示该 PCA 主轴 L_i^s 对应的行人站立在地面上的脚点（图 7.4（e）给出了脚点的计算示例）。L 是对应行人 s 在三维空间中的 PCA 主轴。将摄像机视点 i 中行人 s 的 PCA 主轴 L_i^s 从摄像机视点 i 的方向向三维空间的 Ground 平面投影，在 Ground 平面上我们获得一条投影线段（图 7.6 中 Ground 平面上的虚线）。对于三维场景中 Ground 平面上的这条虚线，它在摄像机视点 i 的图像平面上的投影显然就是 PCA 主轴 L_i^s。对摄像机视点 j

中的行人 k 而言，L_j^k 和 P_j^k 分别表示行人 k 的 PCA 主轴和脚点。令 H_h0 为从摄像机视点 i 到摄像机视点 j 关于 Ground 平面的单应性矩阵，由于摄像机视点 i 图像平面上的轴 L_i^s 可以看成是三维场景中 Ground 平面上的虚线向摄像机视点 i 的图像平面投影所得，所以使用单应性矩阵 H_h0 从摄像机视点 i 到摄像机视点 j 变换轴 L_i^s 就获得了在摄像机视点 j 中图像平面上的直线 $L_{h_0}^{sk}$ 。很显然，$L_{h_0}^{sk}$ 也是三维场景中 Ground 平面上的虚线在摄像机视点 j 的图像平面上的投影。又令 $Q_{h_0}^{sk}$ 为 $L_{h_0}^{sk}$ 和 L_j^k 的交点。如果摄像机视点 i 的图像平面上的行人 s 和摄像机视点 j 的图像平面上的行人 k 对应于三维实际场景中的同一个人并且该行人位于 Ground 平面（最低地面平面）上，那么交点 $Q_{h_0}^{sk}$ 就对应于摄像机视点 j 的图像平面上的行人 k 的脚点 P_j^k 。因此，P_j^k 和 $Q_{h_0}^{sk}$ 之间的距离可以被用于表达两个摄像机视点中行人 s 和行人 k 之间的关联与识别。这个距离越小，表明这两个人越可能关联为同一个人。然而，在大范围的视频监控中，监控的场景通常包含多个平面的地面而且也不知道行人到底是位于哪个平面的地面上。如果一个行人位于平行于 Ground 平面，高度为 h 的平面的位置上（如图 7.6 中给出的那样），那么在这种情况下，需要两摄像机视点 i 和视点 j 之间关于高度为 h 平面的单应性矩阵 H_h 去计算 L_h^{sk} ，从而去执行行人 s 和行人 k 之间的正确关联。然而，如果仍然使用 Ground 平面的单应性矩阵 H_{h_0} 去计算 L_h^{sk} ，则摄像机视点 j 的图像平面上的脚点 P_j^k 和交点 Q_h^{sk} 之间的距离将会很大，因而同一个行人在两摄像机视点之间的关联将会出现不正确的行人关联结果。为了获得两摄像机视点之间行人的正确关联，我们必须先得到平行于 Ground 平面，高度为 h 平面的单应性矩阵 H_h 。首先，人工选择一个平行于 Ground 平面，高度为 h_1 的平面，利用 Khan 等人[99]提出的单应性矩阵的计算方法，高度为 h_1 平面的单应性矩阵 H_{h_1} 可通过下式给出：

$$H_{h_1} = (H_{h_0} + [0 \mid \alpha h_1 \mathrm{v}])(I_{3\times3} - \frac{1}{1 + \alpha h_1}[0 \mid \alpha h_1 \mathrm{v}]) \tag{7.4}$$

其中 v 为 Ground 平面法线方向的消失点，α 是一个尺度因子。参考方向消失点 v 的计算可通过检测场景中的垂直线段并找到这些垂直线段的交点，该交点就为消失点。高度为 h_1 平面的单应性矩阵 H_{h_1} 可由公式 7.4 计算得到，然后运用计算得到的单应性矩阵 H_{h_1} 从摄像机视点 i 变换轴 L_i^s 到摄像机视点 j 的图像平面上，变换后的直线记为 $L_{h_1}^{sk}$ 。记 s 为视点 j 的图像平面上行人 k 的 PCA 主轴 L_j^k 与变换得到的直线 $L_{h_0}^{sk}$ 的交点和行人 k 在视点 j 的图像平面上的脚点 P_j^k 之间的距离，S_1 为 L_j^k 与 $L_{h_0}^{sk}$ 的交点和 L_j^k 与 $L_{h_1}^{sk}$ 的交点之间的距离。根据图 7.6 给出的几何关系，在实际三维场景中，行人的真实脚点与 Ground 平面之间的高度可通过下式给出：

$$h = \frac{s}{s_1} h_1 \tag{7.5}$$

因此，在实际的三维场景中，行人站立的位置与 Ground 平面之间的高度 h 由公式 7.5 给出的情况下，平行于 Ground 平面，高度为 h 平面的单应性矩阵 H_h 的计算如下：

$$H_h = (H_{h_0} + [0 \mid \alpha \cdot (\frac{h_1 s}{s_1}) \cdot \mathrm{v}])(I_{3\times 3} - \frac{1}{1 + \alpha \cdot (\frac{h_1 s}{s_1})}[0 \mid \alpha \cdot (\frac{h_1 s}{s_1}) \cdot \mathrm{v}]) \tag{7.6}$$

基于上面的讨论，如果行人的位置在平行于 Ground 平面，高度为 h 的平面上，那么我们就可以利用单应性矩阵 H_h 去获得两摄像机视点之间行人的正确关联与识别。

7.4 基于 PCA 轴的多摄像机目标跟踪算法

这一节我们先提出了两摄像机视点之间的行人关联算法，然后说明这个算法如何推广到多于两个摄像机的情况。假设在时间 t，在摄像机视点 i 的图像平面上检测到 M 个行人，他们的 PCA 主轴分别为 L_i^1，L_i^2，…，L_i^M ，在摄像机视点 j 的图像平面上检测到 N 个行人，他们的 PCA 主轴分别为 L_j^1，L_j^2，…，L_j^N 。我们的行人关联算法是对摄像机视点 i 的图像平面上的每一个行人去摄像机视点 j 的图像平面上找到最佳匹配的行人。主要的算法步骤如下：

第一步：在两个不同的摄像机视点里，检测所有行人的 PCA 主轴并确定其脚点，检测 Ground 平面上的特征点并运用尺度不变特征变换(SIFT)[97]的特征匹配算法和 RANSAC 算法[98]自动计算得到从摄像机视点 i 到摄像机视点 j，高度为 $h = h_0$ 平面（Ground 平面）的单应性矩阵 $H_h(h = h_0)$。

第二步：对摄像机视点 i 的图像平面上每一个行人的 PCA 主轴 L_i^s，通过单应性矩阵 H_h 可计算得到从摄像机视点 i 到摄像机视点 j 的变换轴 L_h^{sk}。然后计算摄像机视点 j 的图像平面上所有行人的脚点 $P_j^k(k = 1, 2, \cdots, N)$ 和变换轴 L_h^{sk} 与所有行人的 PCA 主轴 $L_j^k(k = 1, 2, \cdots, N)$ 的交点 $Q_h^{sk}(k = 1, 2, \cdots, N)$ 之间的最小距离 d。

第三步：检查这个最小距离 d 是否满足限制条件 d<λ，这里的 λ 是一个预先定义的阈值，它可由训练过程中已知正确的摄像机之间行人关联来确定。如果限制条件 d<λ 不满足，需要根据第 7.3.2 小节描述的那样，调整高度 h 并利用公式 7.6 计算高度为 h 平面的单应性矩阵。

第四步：重复执行第二、三步。如果限制条件 d<λ 满足，则最后获得了摄像机之间的行人关联。

对具有多个摄像机的网络而言，两摄像机之间可以组成摄像机对。具有重叠视域的两个摄像机组成的摄像机对之间的行人关联可以使用上面介绍的两摄像机之间的行人关联算法去实现。如果两两摄像机之间的行人关联都实现了，那么多个摄像机之间的行人关联也就实现了。

7.5 实验结果与分析

为了验证我们方法的有效性，我们在自己拍摄的数据库及公开的

PETS2001 数据库上进行了一系列实验。另外，我们还做了一些比较性实验。实验中，被跟踪的行人用带颜色的方框及数字进行标记，不同的行人采用不同的方框颜色及数字。行人方框内的直线是行人的 PCA 主轴，行人 PCA 主轴与方框底边的交点就是行人的脚点。

7.5.1 在我们数据库上的实验

我们数据库中的视频序列是由两个固定的摄像机拍摄于室外环境而获得的。两个摄像机被倾斜放置并且拍摄的场景是具有多个平面的地面（如图 7.7 所示）。我们在该数据库上测试了所提出的方法。图 7.7 给出了该数据库视频序列中第 1066 帧到第 1200 帧之间的跟踪和行人关联结果的几帧例子。在第 1066 帧，两个行人位于 Ground 平面（$h=h_0$），而第 1179 帧和 1200 帧，两个行人位于另一个平面（$h \neq h_0$）。从这个图中我们可以看到，场景包含多个平面的地面及摄像机被倾斜放置的情况下，重叠视域摄像机之间的行人关联能够取得成功，从而能够实现在复杂场景（多平面地面及摄像机倾斜放置）中重叠视域多摄像机之间行人的连续跟踪。

7.5.2 在 PETS2001 数据库上的实验

PETS2001 数据库是当前视频监控研究中可行的公开数据库。在这个数据库上，评测了许多算法[4,12,22,23]。我们选择这个数据库中的数据集 1（dataset1）去测试所提出的方法。数据集 1 包含室外环境下两个静态摄像机拍摄的两个视频序列。摄像机 1 被正常放置，而摄像机 2 放置时稍微有点倾斜，所以摄像机 1 中的行人在图像平面上是垂直的，而摄像机 2 中的行人在图像平面上是有一些倾斜的。图 7.8 给出了视频序列中第 1400 帧到第 1660 帧之间的跟踪和行人关联结果的几帧例子。在这段视频序列中，被跟踪的两个行人挨得很近。使用所提出的方法，摄像机被正常或倾斜放置时，都能正确地实现重叠视域摄像机之间的行人关联。

图 7.7　具有多个平面地面及摄像机倾斜放置时我们数据库上行人关联结果

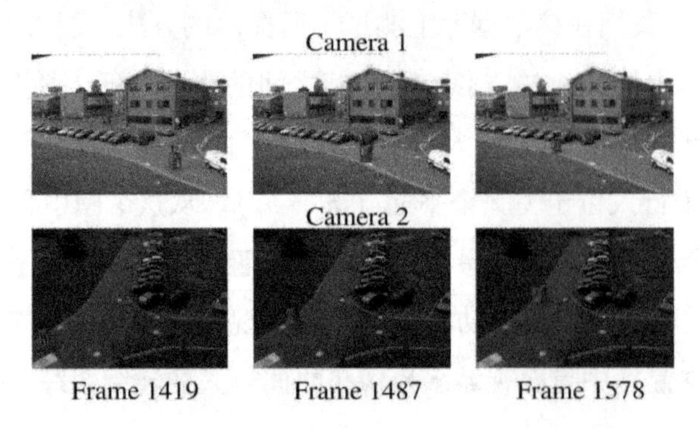

图 7.8　PETS2001 数据库上的行人关联结果

7.5.3　实验比较

在 7.1 的相关工作中介绍过，重叠视域摄像机之间的行人关联，目前存在的方法主要分为基于点的方法和基于区域的方法。在基于区域的方法中，行人的表观信息，尤其是颜色信息，是一个很重要的特征。但由于颜色在摄像机之间具有很高的不稳定性，所以它很少单独使用，而是与其他特征一起使用。因此，我们只将所提出的方法与基于点的关联方法进行比较。然而，关于摄像机之间行人的关联结果，直接与基于点的关联方法进行比较也是很困难的。但不管何种重叠视域摄像机之间的行人关联方法，大部分方法的输出都是行人的运动轨迹。因此，我们采用行人的运动轨迹作为所提出的方法与基于点的方法之间的比较基础。由于所提出的方法与胡等人[6]提出的方法有些相关，所以在我们数据库的视频序列中，摄像机

2 的图像平面上从第 1462 帧到 1753 帧之间比较所提出的方法与胡的方法。比较是在每一种方法获得的轨迹与人工获得的真实轨迹之间进行，然后测量各种方法的轨迹误差以确定哪一种方法更优。轨迹误差被定义为测试视频序列的每一帧中估计的行人位置与真实的行人位置之间距离的均值。图 7.9 给出了我们数据库中摄像机 2 的图像平面上从第 1462 帧到 1753 帧之间的比较结果。图 7.9（a）给出了摄像机 1 中行人的轨迹。图 7.9（b）和（c）分别给出了摄像机 2 中使用我们的方法和胡的方法[6]用于比较的轨迹。图 7.9（d）和（e）给出的结果分别是使用我们的方法与使用胡的方法获得的轨迹和真实轨迹之间的比较结果。我们方法的轨迹误差只有 5.09 个像素，而胡方法的轨迹误差却有 23.28 个像素。实验结果表明，在场景包含多个平面的地面及摄像机被倾斜放置时，我们方法的轨迹比胡方法的轨迹要更准确。

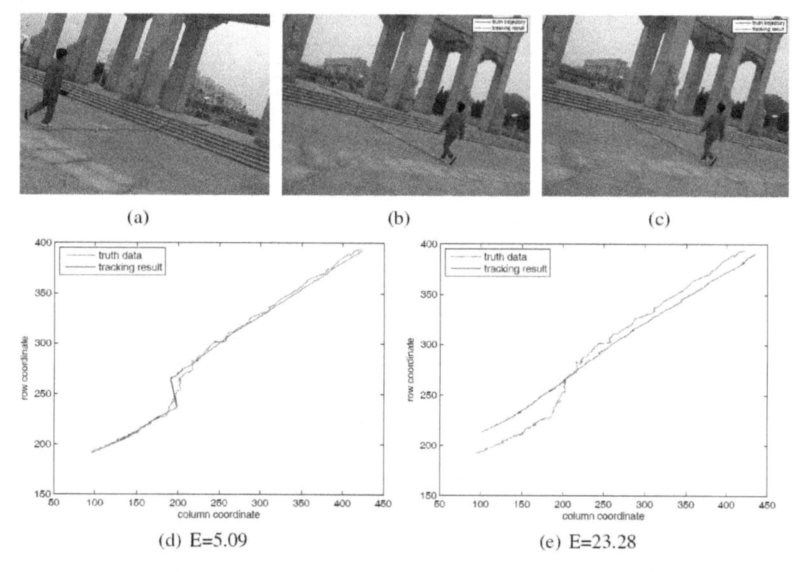

(a) (b) (c)

(d) E=5.09 (e) E=23.28

图 7.9 我们的方法与胡的方法在自己拍摄数据库上的比较结果

在 PETS2001 数据库的视频序列中，我们也进行了相同的比较实验，实验是在摄像机 2 的图像平面上从第 1462 帧到 1753 帧之间进行。图 7.10 给出了 PETS2001 数据库中的比较结果。我们的方法和胡的方法的轨迹误差分别为 5.5 个像素和 7.1 个像素。由于 PETS2001 数据库的视频序列中，摄像机拍摄的场景只包含一个平面地面，所以两种方法获得的两个轨迹误差的差别较小。但由于行人在摄像机 2 中有稍微的倾斜，所以我们方法的轨迹比胡方法的轨迹也要更准确一些。

上面两个例子的实验结果表明，当场景中摄像机被倾斜放置（行人在摄像机视点中是倾斜的)，尤其是场景中包含多个平面的地面时，使用我们提出的方法比使用胡的方法能够获得更加准确的轨迹。

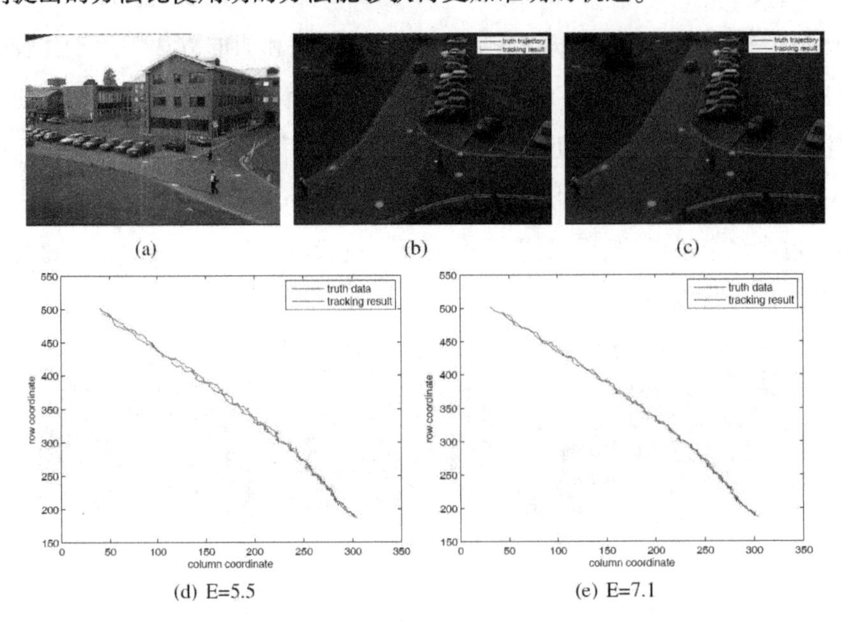

(a) (b) (c)

(d) E=5.5 (e) E=7.1

图 7.10　我们的方法与胡的方法在 PETS2001 数据库上的比较结果

7.6　本章小结

目前，重叠视域摄像机之间的行人关联与识别方法大都是基于重叠视域内的特征几何关系去计算。这些方法中，一般都要假定摄像机之间的重叠视域内的场景是一个平面地面及摄像机都要被正常放置。但在稍微复杂的场景中，如摄像机之间的重叠视域内的场景是具有多个平面的地面或摄像机被倾斜放置等情况下，这些方法将不能正确地实现摄像机之间的行人关联与识别。为了克服这些方法的缺陷，针对场景中具有多个平面地面的情况，我们创造性地提出利用重叠视域内摄像机之间的几何关系去计算不同高度平面的自适应单应性矩阵。此外，针对摄像机被倾斜放置的情况，我们提出利用行人的 PCA 主轴去更加准确地确定行人在图像平面上的脚点。最后，本章提出利用计算得到的不同高度平面的自适应单应性矩阵和行人 PCA 主轴确定的脚点去实现重叠视域摄像机之间的行人关联。在我们的方法中，摄像机不需要事先标定，摄像机拍摄的场景也不需要限制为一个平面地面而且摄像机可以被放置在任何角度（摄像机可以倾斜放置）。实验结果验证了，当摄像机拍摄的场景具有多个平面地面及摄像机被倾斜放置时，我们的方法仍然是有效的。

参考文献

[1] Tsutsui H, Miura J, Shirai Y. Optical Flow-Based Person Tracking by Multiple Cameras. Proceedings of IEEE Conference on Multisensor Fusion and Integration in Intelligent Systems, 2001. 91-96.

[2] Kelly P, Katkee A, Kuramura D, et al. An Architecture for Multiple Perspective Interactive Video. Proceedings of ACM Multimedia, 1995. 201-212.

[3] Cai Q, Aggarwal J K. Tracking Human Motion in Structured Environments Using a Distributed-Camera System. IEEE Trans. Pattern Analysis and Machine Intelli-gence, 1999, 21 (11): 1241-1247.

[4] Khan S, Javed O, Shah M. Tracking in Uncalibrated Cameras with Overlapping Field of View. Proceedings of IEEE International Workshop on Performance Evaluation of Tracking and Surveillance, 2001. 84-91.

[5] Bradshaw K, Reid I, Murray D. The Active Recovery of 3D Motion Trajectories and Their Use in Prediction. IEEE Transactions on Pattern Analysis and Machine Intelligence, 1997, 19 (3): 219-234.

[6] Hu W, Hu M, Zhou X, et al. Principal Axis-Based Correspondence Between Multiple Cameras for People Tracking. IEEE Transactions on Pattern

Analysis and Machine Intelligence, 2006, 28 (4): 663-671.

[7] Orwell J, Remagnino P, Jones G A. Multiple Camera color tracking. Proceedings of IEEE International Workshop on Visual Surveillance, 1999. 14-24.

[8] Krumm J, Harris S, Meyers B, et al. Multi-Camera Multi-Person tracking for ea-syLiving. Proceedings of IEEE International Workshop on Visual Surveillance, 2000. 3-10.

[9] Khan S M, Shah M. Tracking Multiple Occluding People by Localizing on Multiple Scene Planes. IEEE Transactions on Pattern Analysis and Machine Intelligence, 2009, 31 (3): 505-519.

[10] Haritaoglu I, Harwood D, Davis L. W4: Real-Time Surveillance of People and Their Activities. IEEE Transactions on Pattern Analysis and Machine Intelligence, 2000, 22 (8): 809-830.

[11] Mittal A, Davis L S. M2Tracker: A Multi-View Approach to Segmenting and Tracking People in a Cluttered Scene Using Region-Based Stereo. Proceedings of European Conference on Computer Vision, 2002. 18-36.

[12] Black J, Ellis T. Multi-Camera Image Tracking. Proceedings of IEEE International Workshop on Performance Evaluation of Tracking and Surveillance, 2001. 68-75.

[13] Utsumi A, Mori H, Ohya J, et al. Multiple Human Tracking Using Multiple Cam-eras. Proceedings of IEEE International Conference on Automatic Face and Gesture Recognition, 1998. 498-503.

[14] Khan S M, Shah M. A Multiview Approach to Tracking People in Crowded Scenes Using a Planar Homography Constraint. Proceedings of European Conference on Computer Vision, 2006.

[15] Khan S M, Shah M. Tracking Multiple Occluding People by Localizing on Multiple Scene Planes. IEEE Transactions on Pattern Analysis and Machine Intelligence, 2009, 31 (3): 505-519.

[16] Stauffer C, Grimson W E L. Learning Patterns of Activity Using Real-Time Tracking. IEEE Transactions on Pattern Analysis and Machine Intel-

ligence, 2000, 22 (8): 747-757.

[17] Welch G, Bishop G. An Introduction to the Kalman Filter. from http: //www. cs. unc. edu, 1995.

[18] Stillman S, Tanawongsuwan R, Essa I. A System for Tracking and Recognizing Multiple People with Multiple Cameras. Proceedings of International Conference on Audio and Video-Based Biometric Person Authentication, 1999. 96-101.

[19] Lowe D G. Distinctive Image Features from Scale Invariant Keypoints. International Journal of Computer Vision, 2004, 60: 91-110.

[20] Hartley R, Zisserman A. Multiple View Geometry in Computer Vision. Cambridge University Press, 2002.

[21] Khan S, Pingkun Y, Shah M. A Homographic Framework for the Fusion of Multi-view Silhouettes. Proceedings of IEEE 11th International Conference on Computer Vision, 2007. 1-8.

[22] Zhou Q, Aggarwal J K. Tracking and Classifying Moving Objects from Video. Pro-ceedings of IEEE International Workshop on Performance Evaluation of Tracking and Surveillance, 2001. 52-59.

[23] Fuentes L M, Velastin S A. People Tracking in Surveillance Applications. Proceed-ings of IEEE International Workshop on Performance Evaluation of Tracking and Surveillance, 2001. 20-27.

基于 CI_ DLBP 特征的非重叠视域多摄像机目标跟踪

8.1 引言

在视频监控系统中，由于被监控区域的广阔和摄像机视域的有限之间的矛盾，以及摄像机、安装费用及计算量等方面的限制，不可能用摄像机把所有被监控区域完整覆盖，因此，非重叠视域多摄像机监控的研究受到越来越多的重视。非重叠视域摄像机之间监控区域的环境条件各不相同且不同摄像机具有不同的内外部参数，这会导致同一个行人在不同摄像机中的成像差别很大，所以非重叠视域摄像机之间的行人关联与识别也具有更大的挑战。由于非重叠视域中目标在各个摄像机之间的信息在时间和空间上都是不连续的，所以目标本身所具有的表观信息是用于目标关联与识别的主要特征。目前，一些研究者已经提出了一些非重叠视域摄像机之间基于行人表观的关联方法。但是，这些方法只考虑了行人的表观颜色信息，而忽略了行人表观的纹理信息。为了能有效地表达行人表观在彩色空间中的纹理信息，本章我们将用于灰度图像的局部二进制模式（LBP）扩展到彩色空间并提出了一个彩色局部二进制模式（CLBP）。此外，对非重叠视域摄像机之间的行人关联与识别来说，颜色特征仍然是一个很重要的特征，因此我们进一步依据行人表观的彩色纹理信息及颜色信息，提出了一个新颖的具有旋转不变性的颜色纹理描述子（RGB_ CLBP 描述子）去实现非重叠视域摄像机之间的行人关联，这个描述子组合了行人表观的颜色信息和彩色纹理信息。考虑到行人穿着的上半身衣服和下半身衣服之间的颜色和彩色纹理信息通常是不同的，不同于以前提出的基于行人的整个身体去关联行人的方法，我们提出了一个基于部分的行人表达去实现非重叠视域摄像机之间的行人关联。

由于单个摄像机视域范围的限制及摄像机视点内场景结构局限了摄像机的可见范围，用单个摄像机监控一个广阔的感兴趣区域是不可能的[3]。因此，广域视频监控系统中，必须利用摄像机网络。利用摄像机网络的主要任务之一就是实现运动目标在摄像机之间的连续监控与跟踪，而执行连续监控与跟踪的前提是要实现摄像机之间的目标关联识别。对具有重叠视域的多摄像机而言，利用摄像机之间重叠视域的特征几何关系可以实现摄像机之间的行人关联识别[102-106]。另外，我们也在第 7 章对重叠视域摄像机之间的行人关联识别作过详细的讨论。

然而，对于广域视频监控而言，由于资源的限制，越来越多的使用非重叠视域的摄像机网络进行监控。行人在非重叠视域的摄像机之间没有共同的信息可用并且同一个行人在不同摄像机之间的观察在时间和空间上分别很大，因此，相对于重叠视域摄像机之间的行人关联识别而言，非重叠视域摄像机之间的行人关联识别的研究更具有挑战性。

近来，一些研究工作已经提出使用视觉特征去解决非重叠视域摄像机之间的行人关联与识别问题[1,2,3,4,6]。在这些方法中，主要利用了行人表观的颜色信息作为特征。Madden 和 Cheng 等人[1,2]运用在线 K 均值聚类算法对行人表观的颜色进行聚类从而获得表达行人表观的主颜色频谱直方图表示（MCSHR），然后利用这个主颜色频谱直方图表示作为特征去匹配行人，从而实现非重叠视域多摄像机之间的行人关联识别。然而，如果两个摄像机之间光照条件变化较大，那么对同一个行人，从这两个摄像机分别获得的行人图像的颜色信息将会差别很大。在这种情况下，运用主颜色频谱直方图表示去实现摄像机之间的行人关联识别将很容易出现错误的关联结果。不同于 MCSHR 方法，Javed，Prosser 和 Jeong 等人[3,4,6]提出利用摄像机之间的亮度转移函数（BTF）将一个摄像机中观察到的亮度值映射到另一个摄像机中。一旦确定两个摄像机之间的亮度值映射关系，摄像机之间的行人关联识别问题就简化为变换后的颜色直方图匹配问题。

在所有这些基于行人表观的颜色信息作为特征去实现摄像机之间行人关联识别的方法中，Prosser 等人[4]提出利用累积亮度转移函数（CBTF）作为亮度转移函数（BTF）集合的准确表示。然后从两个非重叠视域摄像机分别获得的两个行人图像之间的相似性通过变换后的颜色直方图匹配来计算。他们在真实场景数据库上报告的实验结果表明所提出的累积亮度转移函数方法明显优于其他基于颜色直方图的方法[1,2,3]。在这里，我们采用累积亮度转移函数方法去解决摄像机之间的颜色映射关系。基于颜色直方图的方法丢失了目标表观的空间结构信息，不同于只使用颜色信息的累积亮度转移函数方法，我们提出的方法利用了目标表观的颜色信息和空间结构信息的互补表示。图 8.1 给出具有相同颜色信息但空间结构信息不同的两幅图像。图 8.1（d）中给出的图像是由图 8.1（a）给出的图像利用图像块重组而获得的。从这个图中我们可以看到，具有不同空间结构信息的两幅图像却有着相同的颜色直方图。在这种情况下，只使用颜色直方图去实现两行人的匹配可能会得到错误的匹配结果。在以前的非重叠视域摄像机之间的行人匹配方法中，如 MCSHR 方法[1,2]和 BTF 方法[3,4,6]都有这个相同的缺点。

在 Prosser 等人[4]提出的累积亮度转移函数方法中，他们假定单个摄像机视点内每一个行人都已被正确地分割和跟踪。与他们的假定类似，对一个摄像机中检测到的某个行人，我们的目的是在另一个摄像机中检测到的所有转移行人中找出最佳的匹配行人。在本章中，我们采用局部二进制模式（LBP）[7]作为目标图像空间结构信息的量度。局部二进制模式描述子最主要的优势是它的低计算复杂度以及灰度尺度上单调变化的不变性，这使得它对光照变化具有鲁棒性。局部二进制模式是一个广泛应用的灰度纹理描述子。然而在我们的摄像机之间的行人关联识别工作中，行人是基于彩色空间的表示。为了能将局部二进制模式应用于彩色空间，我们扩展了原始的局部二进制模式到彩色空间并提出一个彩色局部二进制模式（CLBP）描述子去刻画彩色目标的空间结构信息。然而在非重叠视域摄像机的行人关联识别中，行人表观的颜色信息仍然是一个很重要特征。因此，我们进一步提出了一个新颖的描述子——RGB_ CLBP，用于表达和匹配行人，该描述子是基于行人表观的颜色信息和空间结构信息的互补表示。

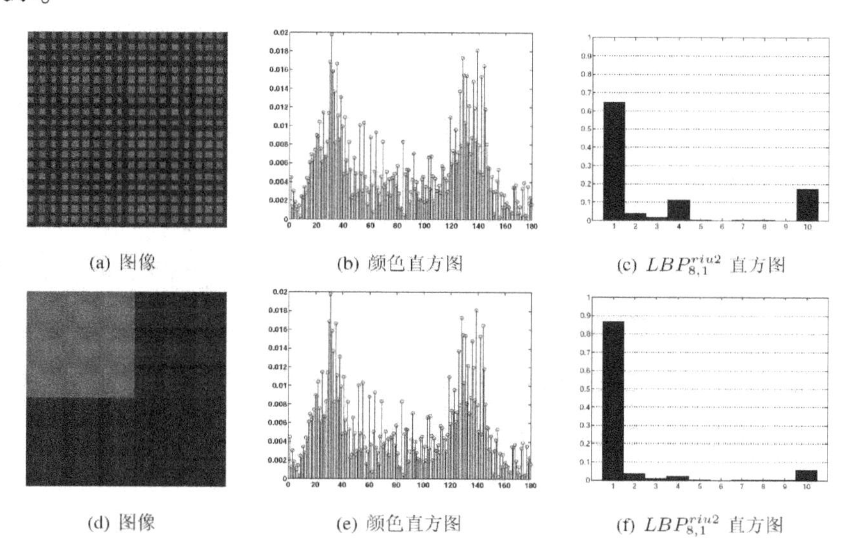

图 8.1 具有相同颜色信息但空间结构信息不同的两幅示例图像

8.2 CI_ DLBP 特征的提出

这一节，首先介绍描绘灰度图像纹理信息的局部二进制模式(LBP)[7]，然后扩展局部二进制模式描述子到彩色空间并提出新的彩色局部二进制模式（CLBP）描述子。之后，考虑到颜色信息特征的重要性，我们进一步提出了 RGB_ CLBP 描述子作为行人表观的表示。

8.2.1 局部二进制模式（LBP）简介

局部二进制模式（LBP）[7] 描述子是定义为一个灰度尺度下的纹理量度，它刻画了灰度图像的局部空间结构。给定灰度图像上的一个像素，这个像素的局部二进制模式值是通过比较该像素值与其邻域像素值的大小，并用该中心像素值为比较阈值而获得的：

$$LBP_{P,R} = \sum_{p=0}^{P-1} s(g_p - g_c)2^p \tag{8.1}$$

其中，

$$s(x) = \begin{cases} 1 & x \geq 0 \\ 0 & x < 0 \end{cases} \tag{8.2}$$

这里，g_c 是一个局部邻域内中心像素的灰度值，$g_p(p = 0, 1, \cdots, P-1)$ 表示这个邻域内像素 p 的灰度值，$R(R > 0)$ 表示这个邻域的半径。假设这个中心像素 g_c 的坐标是（x_c，y_c），那么邻域像素 g_p 的坐标为（$x_c - R\sin(2\pi p/P)$，$y_c + R\cos(2\pi p/P)$）。图 8.2 给出了不同邻域数目和半径（P，R）所具有的圆形对称邻域像素集合[7]。对于并不刚好落在像素中心位置的邻域像素灰度值可通过插值进行估计。

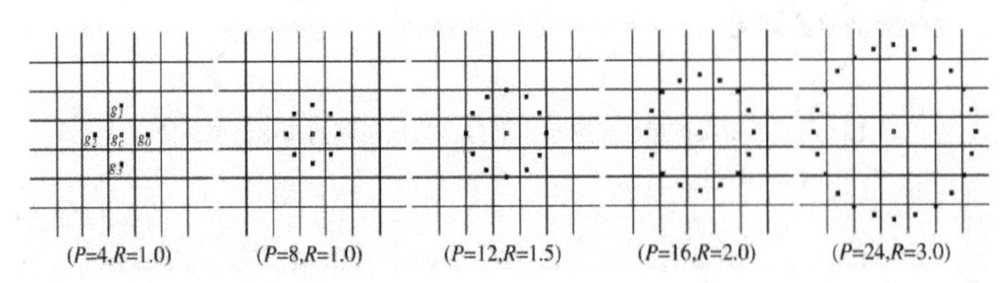

图 8.2 不同邻域数目和半径（P，R）所具有的圆形对称邻域像素集合

在确定了图像区域 M×N 中每一个像素的局部二进制模式值之后，可以通过计数每一个局部二进制模式值在图像中出现的频率来建立一维直方图：

$$H(k) = \sum_{m=1}^{M} \sum_{n=1}^{N} \delta(LBP_{P,R}(m, n), k) \tag{8.3}$$

其中，

$$\delta(x, y)=\begin{cases}1, & x=y \\ 0, & \text{otherwise}\end{cases} \tag{8.4}$$

这里，$k=0, 1, \cdots, K$，K 表示最大的局部二进制模式值。

局部二进制模式的一个重要形式是均匀局部二进制模式。当且仅当在循环二进制模式中 0 和 1 之间有最多不超过 2 个位变化的 LBP 为均匀 LBP[8]。例如，局部二进制模式（LBP）00000000（0 个位变化）和 11100011（2 个位变化）都是均匀 LBP，而模式 00110010（4 个位变化）就不是均匀 LBP。据实验观察，在纹理图像中均匀局部二进制模式是最基本的模式。在实际应用中，每一个均匀 LBP 依据其十进制值放入唯一的直方图格子中，而所有其他非均匀 LBP 都放入一个标记为“miscellaneous”的格子中并将它们的值压缩为一个值，采用这样的机制后，整个图像就只有 P＊（P−1）+3 个不同的输出值。此外，旋转不变均匀二进制模式编码是通过简单地计数均匀二进制模式中“1”的数目来计算得到，而所有其他模式也只有一个唯一的标记，旋转不变均匀二进制模式总共有 P+2 个不同的输出值[7]。一个局部旋转不变均匀二进制模式可以定义为：

$$LBP_{P,R}^{riu2}=\begin{cases}\sum_{p=0}^{P-1} s(g_p-g_c), & \text{if } U(LBP_{P,R}) \le 2 \\ P+1, & \text{otherwise}\end{cases} \tag{8.5}$$

其中，

$$U(LBP_{P,R})=|s(g_{P-1}-g_c)-s(g_0-g_c)| + \sum_{p=1}^{P-1}|s(g_p-g_c)-s(g_{p-1}-g_c)| \tag{8.6}$$

这里，上标 riu2 表明使用的是旋转不变均匀模式。

8.2.2 彩色局部二进制模式（CLBP）描述子

局部二进制模式是灰度图像上的局部空间结构信息的完美度量[9-11]。然而我们却不能直接使用它进行非重叠视域摄像机之间的行人关联识别，这是因为在我们的工作中，行人的表示是基于彩色空间的。一些研究者尝试过将原始的局部二进制模式描述子扩展到彩色空间并应用于一些彩色纹理分类问题中[12-14]。

Maenpaa 和 Pietikainen[12]提出的彩色空间局部二进制模式描述子定义为：记 C_k 和 $C_{k'}(k, k' \in \{1, 2, 3\})$ 为彩色空间 $S=(C_1, C_2, C_3)$ 中三个颜色成分中的任意两个。给定图像中的一个像素 p，该像素的 N 个邻域像素中的每一个像素 p' 的颜色成分 $C_k'(p')$ 被二值化为 0 或 1，这个二值化过程是通过比较 $C_k'(p')$ 和 $C_k(p)$ 的大小，并使用 $C_k(p)$ 作为阈值：

if $C_k'(p') \geqslant C_k(p)$ then

$C_k'(p') = 1$

else

$C_k'(p') = 0$

end if

在阈值化像素 p 的所有 N 个邻域像素中颜色成分 C_k' 之后，$LBP_N^{C_k, C_k'}[p]$ 的值通过使用公式 8.5 获得。它代表着颜色成分 C_k 和 C_k' 在中心像素 p 的 N 个像素邻域内的局部模式。对一个给定的具有 N 个像素的邻域，在 RGB 彩色空间中的图像 I 可以通过下面 9 个局部二进制模式直方图刻画：$LBP_N^{R, R}[I]$，$LBP_N^{G, G}[I]$，$LBP_N^{B, B}[I]$，$LBP_N^{R, G}[I]$，$LBP_N^{R, B}[I]$，$LBP_N^{G, R}[I]$，$LBP_N^{G, B}[I]$，$LBP_N^{B, R}[I]$，$LBP_N^{B, G}[I]$。最后，将这 9 个局部二进制模式直方图串联起来形成一个直方图去刻画图像的彩色纹理。由于这种方法需要从原始彩色图像中获取得 9 个局部二进制模式直方图，所以它的计算量较大[14]。

另一种彩色空间局部二进制模式描述子是由 Porebski 等人[14]提出的向量局部二进制模式（VLBP）。为了简化表达，在这里我们对像素 p 的颜色 $C(p) = [C_1(p)C_2(p)C_3(p)]$ 定义一个值，即 $RSS(C(p)) = \sqrt{(C_1(p))^2 + (C_2(p))^2 + (C_3(p))^2}$。他们的方法首先定义一个颜色顺序关系：对任何一个彩色空间 $S=(C_1, C_2, C_3)$ 而言，如果 $RSS(C(p)) \leq RSS(C(p'))$，那么颜色 $C(p) = [C_1(p)C_2(p)C_3(p)]$ 就在颜色 $C(p') = [C_1(p')C_2(p')C_3(p')]$ 之前。在定义了颜色顺序关系之后，局部二进制模式描述子被定义为：给定彩色图像中的一个像素 p，利用预先定义的颜色顺序关系，比较该像素的颜色 $C(p)=[C_1(p)C_2(p)C_3(p)]$ 与其 N 个邻域像素中每一个像素 p' 颜色 $C(p')=[C_1(p')C_2(p')C_3(p')]$ 的关系，并将像素 p' 的值二值化为 0 或 1，二值化算法如下：

if $RSS(C(p'))\leq RSS(C(p))$ then

$C(p')=1$

else

$C(p')=0$

end if

对像素 p 的所有 N 个邻域像素都进行了阈值化后，$LBP_N[p]$ 的值可通过公式 8.5 获得，$LBP_N[p]$ 就代表着彩色空间中像素 p 的 N 个像素邻域内的局部模式。相比于 Maenpaa 和 Pietikainen 提出的从原始彩色图像中抽取 9 个局部二进制模式直方图去刻画彩色图像的纹理信息[12,13]，向量局部二进制模式（VLBP）方法只需要使用一个 LBP 直方图就可以去刻画图像的彩色纹理。然而，他们提出的两个像素之间的颜色顺序关系一定程度上类似于像素之间的灰度值关系。因此，基于颜色顺序关系的向量局部二进制模式（VLBP）方法一定程度上等价于定义在灰度值关系上的原始局部二进制模式。在我们的实验结果（图 8.14 和图 8.15）中，向量局部二进制模式（VLBP）方法和原始的局部二进制模式（LBP）方法具有相似的结果，这说明了它们在一定程度上是相似的。

为了克服上面两种方法的缺点而又能很好地描绘彩色图像的彩色纹理信息，我们首先引入了在 RGB 颜色空间中任意两个彩色像素之间的颜色距离[1]。利用这个颜色距离，我们将局部二进制模式扩展到彩色空间并提出了彩色局部二进制模式（CLBP）去刻画彩色图像的彩色纹理信息。RGB 颜色空间中两个彩色像素之间的颜色距离定义为：

$$
\begin{aligned}
d(p_1,\ p_2) &= \frac{|C(p_1)-C(p_2)|}{|C(p_1)|+|C(p_2)|} \\
&= \frac{\sqrt{(R_1-R_2)^2+(G_1-G_2)^2+(B_1-B_2)^2}}{\sqrt{R_1^2+G_1^2+B_1^2}+\sqrt{R_2^2+G_2^2+B_2^2}}
\end{aligned}
\tag{8.7}
$$

这里，$C(p_1)=[R_1G_1B_1]$ 和 $C(p_2)=[R_2G_2B_2]$ 分别表示 RGB 颜色空间中像素 p_1 和 p_2 的颜色向量。给定图像中的一个像素，该像素与它邻域中的各个像素之间的颜色距离可通过公式 8.7 计算得到。在获得邻域像素与中心像素的颜色距离之后，通过一个阈值化过程就能得到彩色局部二进制模式（CLBP）：

$$CLBP_{P,R}=\sum_{n=0}^{P-1}s'(p_n,\ p_c)2^n \tag{8.8}$$

其中，

$$s'(p_n,\ p_c)=\begin{cases}1 & d(p_n,\ p_c)\geq\theta\\ 0 & d(p_n,\ p_c)<\theta\end{cases} \tag{8.9}$$

这里 $d(p_n,\ p_c)$ 表示中心像素 p_c 和邻域像素 p_n 之间的颜色距离，P 表示邻域内像素的数目，θ 是一个经过训练确定的阈值。图 8.3 给出了在彩色空间中彩色局部二进制模式（CLBP）描述子计算过程的一个例子。在这个图中，首先计算中心像素与邻域像素之间的颜色距离，然后通过阈值化方法将颜色距离二值化为 0 或 1，最后利用公式 8.8 就获得了彩色局部二进制模式（CLBP）值。参考原始的局部二进制模式方法，CLBP 的局部旋转不变模式被定义为：

$$CLBP_{P,R}^{riu2}=\begin{cases}\sum_{n=0}^{P-1}s'(p_n,\ p_c), & \text{if } U(CLBP_{P,R})\leq 2\\ P+1, & \text{otherwise}\end{cases} \tag{8.10}$$

其中，

$$U(CLBP_{P,R})=\left|s'(p_{P-1},\ p_c)-s'(p_0,\ p_c)\right|+\sum_{n=1}^{P-1}\left|s'(p_n,\ p_c)-s'(p_{n-1},\ p_c)\right| \tag{8.11}$$

这里 CLBp^{riu2} 只有 P+2 个不同的输出值。

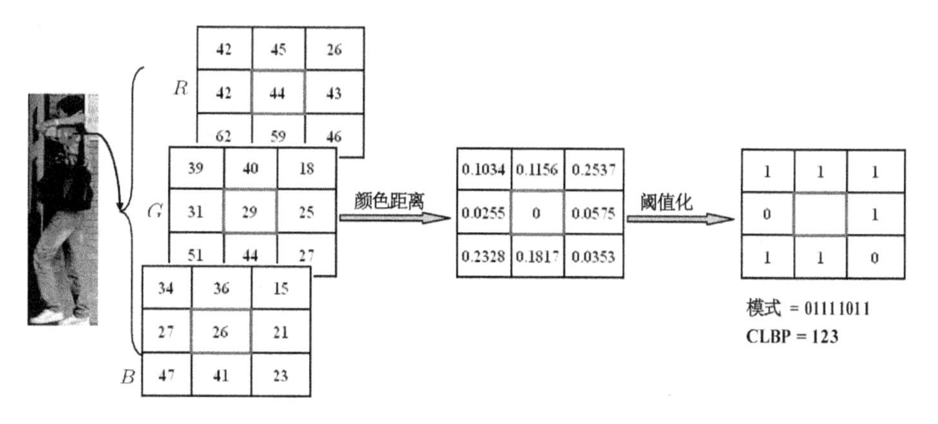

图 8.3 彩色空间中 CLBP 描述子的计算过程示例

8.2.3 RGB_ CLBP 描述子

当前，基于表观特征的方法主要是运用颜色直方图去实现行人的关联与识别，但是只基于颜色直方图的方法丢失了行人表观的纹理信息。由于考虑的行人关联与识别问题是在彩色空间中，所以第 8.2.2 小节提出了彩色局部二进制模式（CLBP）作为彩色目标纹理信息的一个度量。由于颜色 RGB 直方图和彩色局部二进制模式（CLBP）作为特征具有互补性，因此，它们的联合分布 R_CLBP，G_CLBP 和 B_CLBP 可以作为非重叠视域摄像机之间行人关联与识别的较好度量。对给定的一个彩色图像，使用这三个二维直方图去构造一个串联的 RGB_ CLBP 直方图，它是一个能够表达目标彩色纹理信息的彩色描述子。

对彩色图像的每一个像素 p，首先通过公式 8.10 计算该像素的局部旋转不变均匀模式 $CLBP^{riu2}(p)$ 并获得其 R、G 和 B 三个颜色分量值 R（p），G（p）和 B（p）。然后计算三个二维直方图 R_CLBP，G_CLBP 和 B_CLBP，这三个二维直方图通过下面的式子计算得到：

$$R\_CLBP(l,k)=\sum_{i=0}^{M-1}\sum_{j=0}^{N-1}\delta(CLBP^{riu2}(p_{ij}),l)\delta(R(p_{ij}),k) \tag{8.12}$$

$$G\_CLBP(l,k)=\sum_{i=0}^{M-1}\sum_{j=0}^{N-1}\delta(CLBP^{riu2}(p_{ij}),l)\delta(G(p_{ij}),k) \tag{8.13}$$

$$B\_CLBP(l,k)=\sum_{i=0}^{M-1}\sum_{j=0}^{N-1}\delta(CLBP^{riu2}(p_{ij}),l)\delta(B(p_{ij}),k) \tag{8.14}$$

其中，

$$\delta(x, y)=\begin{cases}1, & x=y \\ 0, & \text{otherwise}\end{cases} \tag{8.15}$$

这里 M×N 表示图像大小，$p_{i,j}$ 是图像中位置（i，j）处的像素，$l=0$，1，…，$P+1$，$k=0$，1，…，$K-1$，P 是所考虑的局部邻域的像素数目，K 是量化后颜色格子的数目。之后，归一化整个二维直方图 R_CLBP，G_CLBP 和 B_CLBP，这三个二维直方图获取了图像区域的颜色和 CLBP 的联合分布。如图 8.4 所示，这些二维直方图中的每一个单元的亮度对应于一个具体颜色成分值上的某个彩色局部二进制模式（CLBP）值的频率。在每一个二维直方图中，二维直方图的每一列对应于该列所在的具体颜色分量值上的 CLBP 分布（纹理信息分布）。

为了获得一个更有鉴别力的描述子，Chen 等人[5]介绍了一种复杂的方法将二维直方图变换成一维直方图。不同于他们的方法，我们采用一个更简单的方法将三个二维直方图 R_CLBP，G_CLBP 和 B_CLBP 变换成一个一维的 RGB_CLBP 直方图。以二维直方图 R_CLBP 为例，给定颜色分量 R 和彩色局部二进制模式（CLBP）的联合分布，如图 8.4 中第一行所示，首先抽取这个二维直方图的每一列形成一个一维的子直方图 $RH_k(k=0, 1, \cdots, K-1)$。也就是，依据颜色分量值将 CLBP 值重新分组为 K 个子直方图 $RH_k(k=0, 1, \cdots, K-1)$，每一个子直方图 RH_k 对应于颜色分量值 R_k 的 CLBP 分布。然后，串联所有这些一维子直方图 $RH_k(k=0, 1, \cdots, K-1)$，就获得了这个二维直方图的一维直方图表示，即 $RH=\{RH_k\}$，$k=0, 1, \cdots, K-1$。不同于颜色直方图方法[1,3,4]，在这些方法中，直方图仅仅是通过具有相同颜色分量值 R_k 的总像素数目而获得，我们提出的方法是基于彩色局部二进制模式（CLBP）值将这些像素重新分组以形成一维的直方图 RH。相比于原始的颜色直方图方法，提出的方法更有鉴别力。类似地，我们也能够计算得到一维直方图 GH 和 BH。最后，这三个一维直方图，RH，GH 和 BH，被串联起来形成 RGB_CLBP 直方图描述子去表达彩色目标。而且，RGB_CLBP 描述子也比彩色局部二进制模式（CLBP）描述子更有鉴别力。图 8.5 给出了具有相同 CLBP 直方图的两

幅图像却有不同的 *RGB_ CLBP* 直方图。由于计算三个 2D 直方图的 $CLBP^{riu2}$ 和 RGB 值都是旋转不变的，所以提出的 *RGB_ CLBP* 描述子也是旋转不变的。

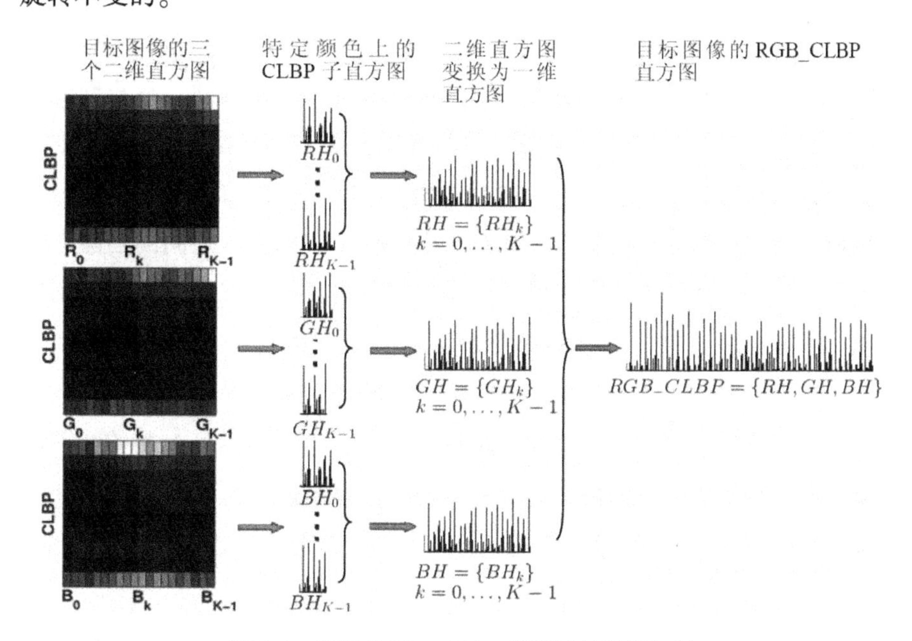

图 8.4 阐明 RGB_ CLBP 描述子的计算过程

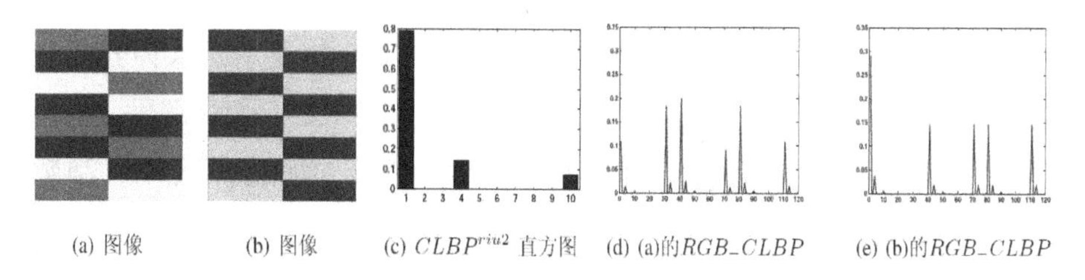

图 8.5 具有相同 CLBP 直方图但 RGB_ CLBP 直方图不同的两幅图像示例

8.3 基于 CI_ DLBP 特征的非重叠视域多摄像机目标跟踪算法

由于非重叠视域摄像机之间监控场景的光照条件通常是不同的，所以基于表观特征的非重叠视域摄像机之间的行人关联与识别方法必须消除摄像机之间光照变化的影响。Prosser 等人[4] 提出的累积亮度转移函数(CBTF) 方法在非重叠视域摄像机之间找到颜色亮度值的对应关系从而实现摄像机之间的颜色映射。他们的实验结果表明，累积亮度转移函数(CBTF) 方法要明显优于其他的基于表观的方法[1,2,3]。因此，在我们的工作中，也利用非重叠视域摄像机之间的累积亮度转移函数（CBTF）去消除摄像机之间光照条件的变化。之后，用 RGB_ CLBP 描述子去刻画行人的表观特征。在已存在的基于表观的方法[1,3,4]中，两行人之间的匹配都是基于他们整个身体的表达来实现的。与这些方法类似，首先我们也使用基于整体的行人表达来实现非重叠视域摄像机之间的行人关联与识别。然而，一个行人穿着的上半身衣服与下半身衣服通常是不同的，因此行人表观的上半部分与下半部分在颜色与纹理信息方面也是不同的。基于此，我们提出了一个基于部分的行人表达去实现非重叠摄像机之间行人的关联与识别。实验结果验证了基于部分的行人表达要比基于整体的行人表达更好。

8.3.1 累积亮度转移函数（CBTF）方法简介

这一小节简要回顾累积亮度转移函数（CBTF）方法[4]。这种方法是通过两个非重叠视域摄像机 C^i 和 C^j 之间已知对应行人的一个训练集合去构造这两个摄像机之间的累积亮度转移函数 $cf_{ij}(\cdot)$ 。理想情况下，函数 $cf_{ij}(\cdot)$ 应该是基于像素层级上的对应以确保精确的颜色匹配，也就是，函数 $cf_{ij}(\cdot)$ 是通过相同的目标在两个不同的摄像机内的目标图像之间像素与像素的对应来估计确定的。然而，由于两个非重叠视域摄像机视点之间目标（行人）的姿势变化，要执行这种像素与像素的对应是很困难的。因而，一种 RGB 值的归一化直方图被用来估计函数 $cf_{ij}(\cdot)$ 。具体来说，给定 N 对分别来自于摄像机 C^i 和 C^j 的已知对应的训练目标，对摄像机 C^i 的 N 个目标，任意一个颜色通道的累积直方图 H_i 定义为：

$$H_i(B_i(m)) = \sum_{k=0}^{m} \sum_{n=1}^{N} I_i(O_n(B_i(k))) \tag{8.16}$$

这里 $I_i(O_n(B_i(k)))$ 是指摄像机 C^i 的训练目标 O_n 中具有亮度值 $B_i(k)$ 的数目，m是从0到255变化，表示一个8位的通道图像。类似地，对摄像机 C^j 的N个目标，任意一个颜色通道的累积直方图 H_j 定义为：

$$H_j(B_j(m)) = \sum_{k=0}^{m} \sum_{n=1}^{N} I_j(O_n(B_j(k))) \tag{8.17}$$

需要说明的是，这些累积直方图必须用各自训练集中所有的像素数目进行归一化。为了计算两个非重叠视域摄像机 C^i 和 C^j 之间的累积函数 $cf_{ij}(\cdot)$，对摄像机 C^i 内的每一个亮度级 $B_i(m)$，$m=0, 1, \cdots, 255$，在摄像机 C^j 内对应的亮度级 $B_j(k)$ 通过 $H_i(B_i(m)) = H_j(B_j(k)) = H_j(cf_{ij}(B_i(m)))$，$m, k=0, 1, \cdots, 255$ 进行确定。然后累积亮度转移函数（CBTF）由下式计算得到：

$$cf_{ij}(B_i(m)) = B_j(k) = H_j^{-1}(H_i(B_i(m))) \tag{8.18}$$

这里 H^{-1} 表示直方图的逆。

由于在一个摄像机视点内不同的区域也会有不同的光照条件，所以实验中只考虑每一个摄像机视点的离开/进入域并且也只在这些区域内检测行人。在通过离线训练获得两个非重叠视域摄像机离开域和进入域之间的累积亮度转移函数（CBTF）$cf_{ij}(\cdot)$ 之后，通过使用函数 $cf_{ij}(\cdot)$ 将在摄像机 C^i 中检测到的目标 $O_{i,r}$ 的颜色变换到摄像机 C^j 中以消除两个非重叠视域摄像机 C^i 和 C^j 之间光照变化的影响，即：

$$\hat{O}_{i,r}(B_i(m)) = cf_{ij}(O_{i,r}(B_i(m))), \quad \forall B_i(m) \tag{8.19}$$

8.3.2 基于整体的行人关联与识别

假定在摄像机网络中，摄像机 C^j 与摄像机 C^i 相连并且行人是从摄像机 C^i 到摄像机 C^j 。对摄像机 C^j 的进入域中检测到的行人目标 $O_{j,b}$，非重叠视域摄像机 C^i 和 C^j 之间的行人关联与识别问题的解就定义为行人 $O_{j,b}$ 与摄像机 C^i 的离开域内检测到的行人 $O_{i,r}$，$r=1, 2, \cdots, R$（R是所考虑的一定时间内摄像机 C^i 和 C^j 之间行人转移的总数目）之间具有最大相似性的行人，即：

$$s = \underset{r}{\arg\max} Sim(\hat{O}_{i,r}, O_{j,b}) \tag{8.20}$$

其中 Sim（·）表示行人 $\hat{O}_{i,r}$ 和行人 $O_{j,b}$ 之间的相似性。行人 $\hat{O}_{i,r}$ 和行人 $O_{j,b}$ 的特征是运用所提出的 *RGB_ CLBP* 描述子来刻画的。

两个直方图之间的相似性是一个拟合度的实验，它能够用一个非参数的统计实验来测量。有许多测度可以用来评价这个拟合度，例如 Kullback-Leibler 散度能够计算它们之间的距离并用距离的倒数作为相似性度量[15]，类似还有直方图相交方法[16]及卡方距离。对于小样本数目来说，卡方距离通常效果较好[17]，卡方距离定义为：

$$\chi^2(S, M) = \sum_{n=1}^{N} \frac{(S_n - M_n)^2}{S_n + M_n} \tag{8.21}$$

这里 N 是直方图分布中量化格子的数目，S 和 M 分别表示（离散的）样本和模型分布，S_n 和 M_n 分别对应于样本和模型分布中第 n 个格子的概率。

我们使用卡方距离作为两个直方图之间的相似性度量，因而公式 8.20 可被改写为：

$$\begin{aligned} s &= \underset{r}{\arg\max} Sim(\hat{O}_{i,r}, O_{j,b}) \\ &= \underset{r}{\arg\max}(1 - \chi^2(\hat{O}_{i,r}, O_{j,b})) \end{aligned} \tag{8.22}$$

其中 $\chi^2(\hat{O}_{i,r}, O_{j,b})$ 表示两个行人之间的卡方距离。

图 8.6 给出了使用提出的 *RGB_ CLBP* 描述子在两个非重叠视域摄像机之间的基于整体的行人关联与识别方法的计算过程。

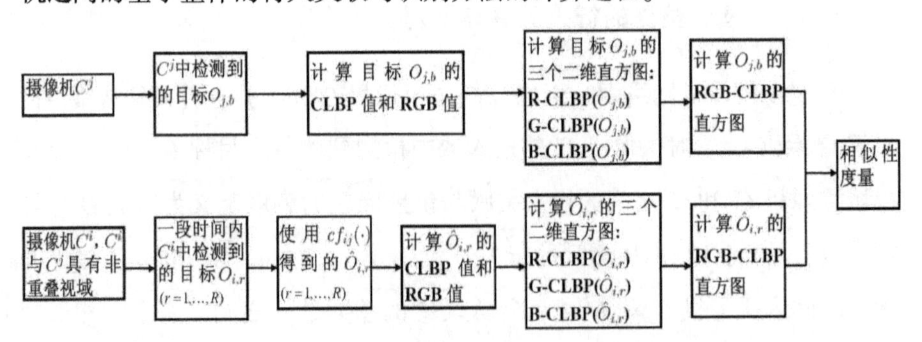

图 8.6　使用 RGB_ CLBP 描述子在两个非重叠视域摄像机之间

基于整体的行人关联与识别过程

8.3.3 基于部分的行人关联与识别

由于一个行人穿着的上半身衣服与下半身衣服通常是不同的，所以行人表观的上半部分与下半部分在颜色与纹理信息方面通常也是不同的。基于此，我们将行人的身体分成两部分，P_1 和 P_2。对一个高度为 H 的行人来说，根据行人的脖子（0.87H）和盆骨（0.48H）[18] 的垂直位置将行人的身体进行分割。图 8.7 给出了身体两个部分的示意。第一部分 P_1 为从脖子到盆骨的部分；第二部分 P_2 为从盆骨到脚的部分。对身体的每一个部分都计算该部分的 *RGB_ CLBP* 直方图。

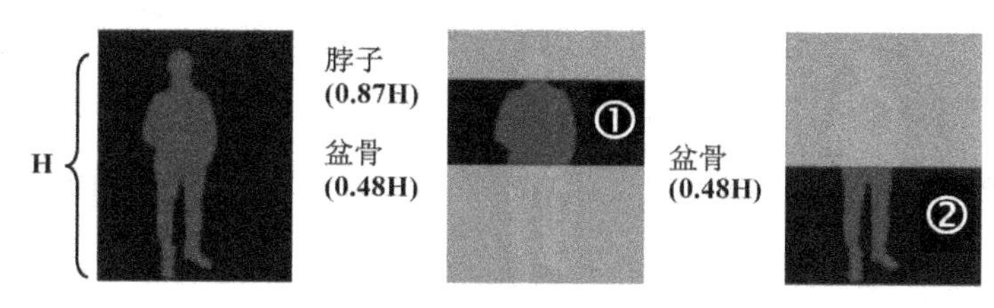

图 8.7 行人身体两个部分的定义

在定义了行人表达的两个部分之后，两个非重叠视域摄像机之间的行人关联与识别问题的解就被定义为分别来源于这两个摄像机的行人 $O_{j,b}$ 和行人 $O_{i,r}$，$r=1, 2, \cdots, R$ 之间两部分相似性和的最大值所对应的行人，即：

$$
\begin{aligned}
s &= \underset{r}{\operatorname{argmax}}(Sim(\hat{O}_{i,r}^1, O_{j,b}^1) + Sim(\hat{O}_{i,r}^2, O_{j,b}^2)) \\
&= \underset{r}{\operatorname{argmax}}((1-\chi^2(\hat{O}_{i,r}^1, O_{j,b}^1)) + (1-\chi^2(\hat{O}_{i,r}^2, O_{j,b}^2))) \\
&= \underset{r}{\operatorname{argmax}}(2-\chi^2(\hat{O}_{i,r}^1, O_{j,b}^1) - \chi^2(\hat{O}_{i,r}^2, O_{j,b}^2))
\end{aligned} \tag{8.23}
$$

这里 $\hat{O}^1{}_{i,r}$ 和 $\hat{O}^2{}_{i,r}$ 分别表示行人 $O_{i,r}$ 的上半部分 P_1 和下半部分 P_2，O_{jb}^1 和 O_{jb}^2 分别代表着行人 $O_{j,b}$ 的上半部分 P_1 和下半部分 P_2。每一部分都是用 *RGB_ CLBP* 直方图来表示。

8.4 实验结果与分析

这一节给出了在两个不同的非重叠视域摄像机场景中所提出方法的实验结果。

8.4.1 实验设计

根据摄像机的拓扑结构、场景光照条件及环境设置（包括室内和室外环境）的不同，给出了两个相互不同的非重叠视域摄像机场景。在场景 1 中，两个摄像机被放置在拍摄环境的同一侧，而在场景 2 中，两个摄像机被用于室内/室外的实验设计，并且被放置在拍摄环境的不同侧。下面给出这两个场景的详细介绍。

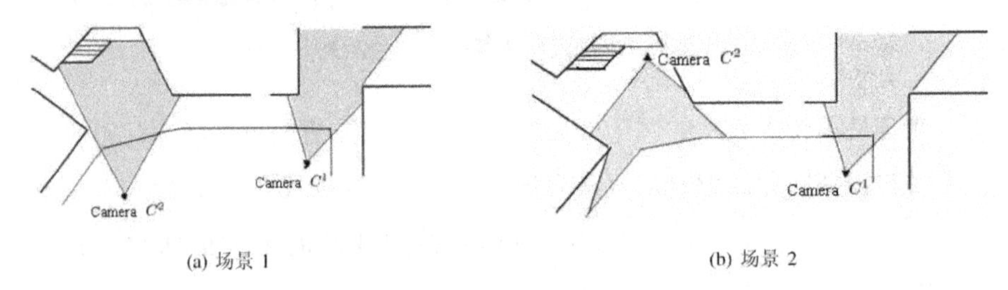

(a) 场景 1　　(b) 场景 2

图 8.8　两场景中的摄像机拓扑结构

场景 1：场景 1 由两个摄像机构成，即摄像机 C^1 和摄像机 C^2，图 8.8（a）给出了这个场景的摄像机拓扑结构。在这个场景中，两个摄像机被放置在拍摄环境的同一侧并且它们都是放置在室外环境。摄像机 C^1 观察的场景是一个大厅，摄像机 C^2 观察到的场景是一个楼梯的入口。图 8.9 给出了这个场景中测试视频序列的一个行人关联与识别实例。基于表观匹配的方法需要对目标进行准确地分割才能实现摄像机之间目标的匹配。在测试阶段，总共准确分割出并记录了 34 个行人经过这个场景中的两个摄像机。

(a) 摄像机C^2的进入视域中检测到一个行人

(b) 摄像机C^1的离开视域中检测到的行人

图 8.9　场景 1 中测试序列的一个实例及其行人关联与识别结果

(a) 摄像机C^2的进入视域中检测到一个行人

(b) 摄像机C^1的离开视域中检测到的行人

图 8.10　场景 2 中测试序列的一个实例及其行人关联与识别结果

场景 2：在场景 2 中，两个摄像机 C^1 和 C^2 被用于室内/室外的实验设计。摄像机 C^1 被放置在室外而摄像机 C^2 被放置在室内。图 8.8（b）给出了这个场景的摄像机布置及它们的视域。摄像机 C^1 观察的场景是一个大厅，而摄像机 C^2 监控的区域非常暗（如图 8.10 所示）。从图 8.10 中，我们能够看见两个摄像机监控的两个区域的光照条件非常地不同。由于两个摄像机监控区域的光照和颜色具有明显的不同，所以这是一个比场景 1 更具有挑战性的场景。图 8.10 给出了场景 2 中测试视频序列的一个行人关联与识别实例。在测试阶段，总共准确分割出并记录了 31 个行人经过这个场景中的两个摄像机。

8.4.2　实验结果

在对不同测试序列的分析中，摄像机之间的所有转移都经过了人工标注以获得正确的行人关联结果。在所有的实验结果中，我们给出了 Rank1

和 Rank3 的结果，它们分别表示正确匹配出现在相似性最高得分和前三个相似性最高得分的行人关联结果。图 8. 11 给出了场景 1 中使用所提出的 *RGB_ CLBP* 方法的实验结果的一些例子。在这个图中，每一行的第一个目标是在摄像机 C^2 的进入视域中检测到的目标，每一行的第 2~4 个目标是在摄像机 C^1 的离开视域中检测到的目标，它们分别对应于 Rank1 到 Rank3 的结果。每一行中用框标记的目标（摄像机 C^1 检测得到）代表着它与摄像机 C^2 检测到的该行的第一个目标正确匹配。最后一行表示在所有前三个 Rank 中目标匹配都失败。

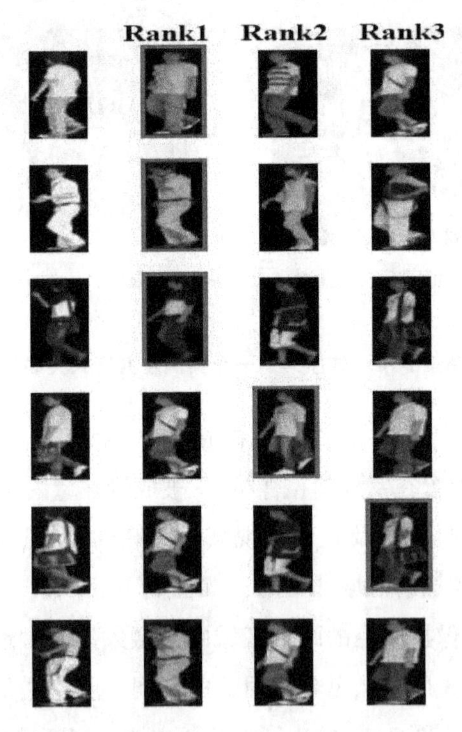

图 8. 11　场景 1 中使用 RGB_ CLBP 方法的实验结果的一些例子

8. 4. 2. 1　维数的选择

实验中，彩色局部二进制模型（CLBP）采用旋转不变均匀模式编码得到，它有 P+2 个不同的输出值。这里，邻域像素数目设定为 P=8，因此在图 8. 4 中 CLBP 的维数是 M=P+2=10。RGB 彩色空间中每一个颜色成分量化后的维数对实验结果有很重要的影响。维数太小不能够对分布提供足够的差别信息，另外，由于直方图的分布具有有限个元素数目，所以太多的维数会导致稀疏和不稳定的直方图，而且还会使得特征的维数太大。图 8.12 说明了在不同颜色维数上摄像机之间目标关联与识别的正确率。结果表明当颜色维数较小或较大的时，正确率比较低。在权衡计算量及不同 Rank 上的正确率之后，我们设定每一个颜色成分的维数为 K=44。

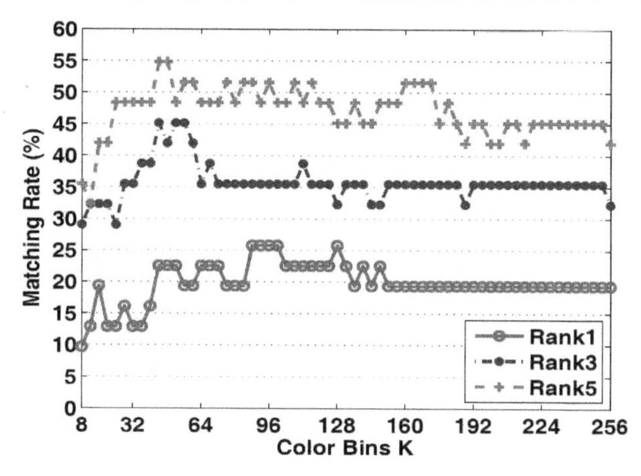

图 8.12　不同 Rank 上目标关联与识别的正确率与颜色维数的关系

8.4.2.2　彩色局部二进制模式（CLBP）的评价

为了合适地评价彩色局部二进制模式（CLBP）信息的贡献及 CLBP 描述子在非重叠视域摄像机之间行人关联与识别中的影响，我们做了如下三个实验：

1. 颜色信息与纹理信息的互补：首先构造的一个实验是通过颜色信息与 CLBP 信息不同权值的组合去获得不同的行人关联与识别正确率，实验结果能够反映 CLBP 信息对目标关联的贡献。为了简化描述，将权值组合记为 WCo。为了与 *RGB_ CLBP* 描述子中的 RGB 和 CLBP 的维数相一致，WCo 实验也将颜色成分的维数和 CLBP 的维数分别设为 K=44 和 M=10。权值组合（WCo）被定义为：

$$Sim(\hat{O}_{i,l}, O_{j,b}) = \alpha Sim_{RGB}(\hat{O}_{i,l}, O_{j,b}) + (1-\alpha) Sim_{CLBP}(\hat{O}_{i,l}, O_{j,b}) \tag{8.24}$$

这里 $Sim_{RGB}(\cdot)$ 和 $Sim_{CLBP}(\cdot)$ 分别表示只使用 RGB 直方图和只使用

CLBP 直方图的相似性，α 是一个权值。当 $\alpha=1$，目标 $\hat{O}_{i,l}$ 和目标 $O_{j,b}$ 之间的相似性只通过 RGB 直方图起作用。如果 $\alpha=0$，那么两目标之间的相似性只通过 CLBP 直方图起作用。图 8.13 给出了两个场景中不同 α 值时的正确率变化情况。从这个图中，可以发现 RGB 和 CLBP 直方图的组合要比只使用其中一个直方图时的效果要好。因此，将纹理信息加入到颜色信息中是有意义的。此外，在场景 1 中，RGB 和 CLBP 信息的最佳组合发生在 $\alpha=0.2$ 处，而在场景 2 中的最佳组合却是发生在 $\alpha=0.4$ 处。因此，使用权值组合（WCo）方法去执行目标关联时，对每一个场景，α 值必须预先确定，这需要一个训练的过程。然而，提出的 *RGB_ CLBP* 描述子用于描述目标时，能够避免权值组合方法（如公式 8.24 所示）中权值 α 的选择及训练过程。

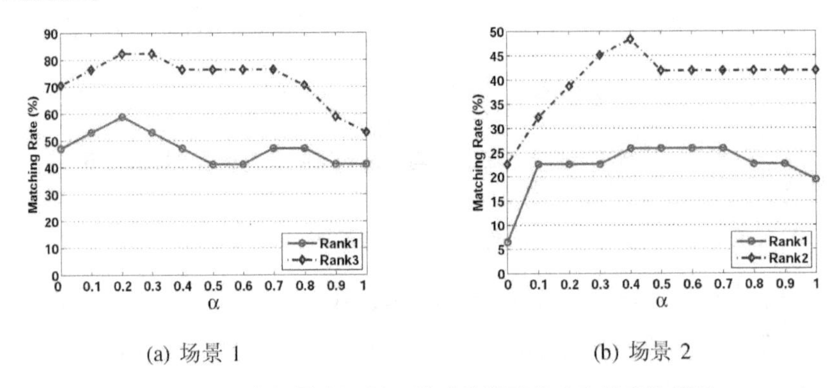

(a) 场景 1　　(b) 场景 2

图 8.13　两个场景中不同 α 值时的关联准确率的变化情况

2. CLBP 与 LBP：这个实验通过比较 *RGB_ CLBP* 与 *RGB_ LBP* 去评价提出的彩色局部二进制模式（CLBP）描述子在目标关联与识别中的影响。图 8.14 给出了两个不同的实际场景中的比较结果。从这个图中，能够看到与 *RGB_ LBP* 比较时，*RGB_ CLBP* 的正确率有大约 6%的提高。这点表明 CLBP 的使用能够更好地刻画彩色目标的纹理信息，而且也能提高非重叠视域摄像机之间目标关联与识别的准确性。

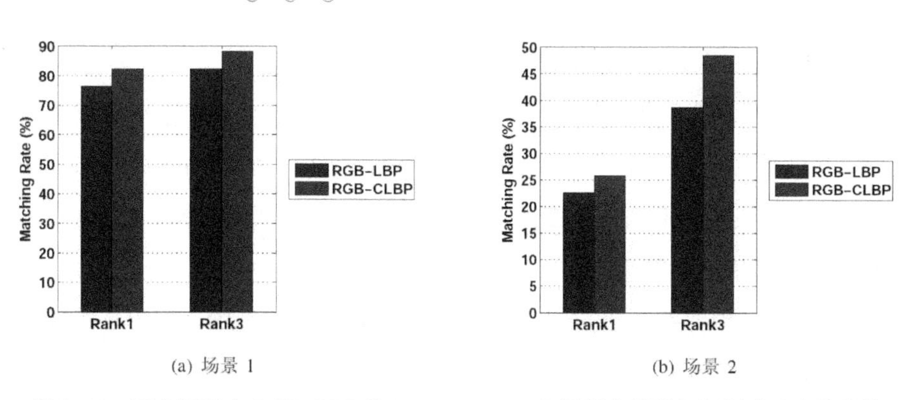

图 8.14 两个场景中 RGB_LBP 和 RGB_ CLBP 之间行人关联与识别成功率的比较

3. CLBP 与 VLBP：已有研究者将描绘灰度图像纹理信息的原始 LBP 扩展到彩色空间[12-14]。然而，这些方法的局限性也是很明显的，这一点我们在第 8.2.2 小节有过详细描述。由于提出的 CLBP 描述子与 VLBP 描述子[14]类似，所以我们将 *RGB_ CLBP* 与 *RGB_ VLBP* 进行比较，从而去评估提出的 CLBP 描述子的有效性。图 8.15 给出了在两个不同的实际场景中两个描述子之间的比较结果。实验结果表明与 *RGB_ VLBP* 比较时，*RGB_ CLBP* 在场景 1 中 Rank1 上的行人关联与识别正确率有大约 6%的提高，而在场景 2 中，虽然两个描述子都受到两个摄像机之间巨大的光照及颜色变化的影响，但与 *RGB_ VLBP* 的比较，提出的 *RGB_ CLBP* 描述子在 Rank1 和 Rank3 上的正确率仍然分别有大约 6%和 10%的提高。

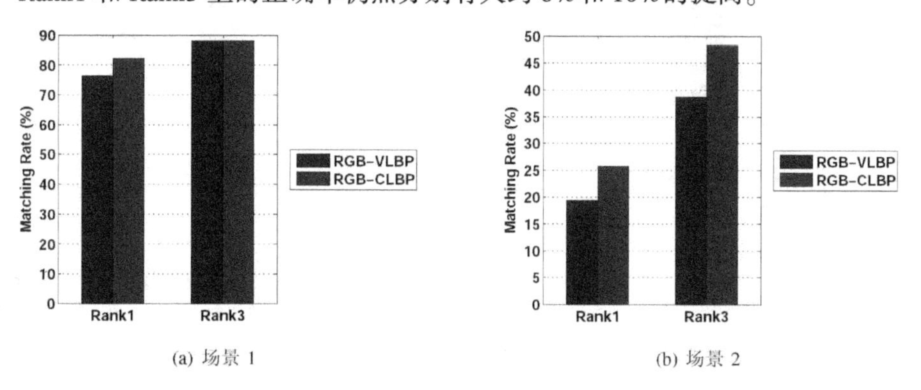

图 8.15 两个场景中 RGB_ VLBP 和 RGB_ CLBP 之间行人关联与识别成功率的比较

8.4.2.3 *RGB_ CLBP* 描述子的评价

由于以前的表观方法是基于行人的整个身体去实现非重叠视域摄像机之间行人的关联与识别[1,2,4]，这里，我们也采用基于整体的行人表示作为我们的方法与他们的方法之间的比较基础，从而去评估提出的 *RGB_ CLBP* 描述子的有效性。

RGB_ CLBP 与 WCo：提出的 *RGB_ CLBP* 描述子利用了颜色信息和彩色纹理信息的互补表示。不同于需要权值 α 的选择及训练过程的两特征权值组合（WCo）方法，RGB_ CLBP 描述子不需要权值 α 的选择和训练过程。另外，我们也进行了 *RGB_ CLBP* 描述子与 WCo 方法的比较实验。在这个实验中，WCo 方法采用每个场景的最佳组合权值，即场景 1 中 $\alpha = 0.2$ 和场景 2 中 $\alpha = 0.4$，作为 WCo 的结果。图 8.16 给出了两个不同的实际场景中两种方法的比较结果。实验结果表明，与场景 1 中最佳组合权值（$\alpha = 0.2$）的 WCo 方法比较时，*RGB_ CLBP* 在场景 1 中 Rank1 上的行人关联与识别正确率有大约 24%的提高。在场景 2 中，虽然在 Rank1 和 Rank3 上两种方法有相同的结果，但提出的 RGB_ CLBP 描述子方法具有的优势是：它不需要权值 α 的选择和训练过程。

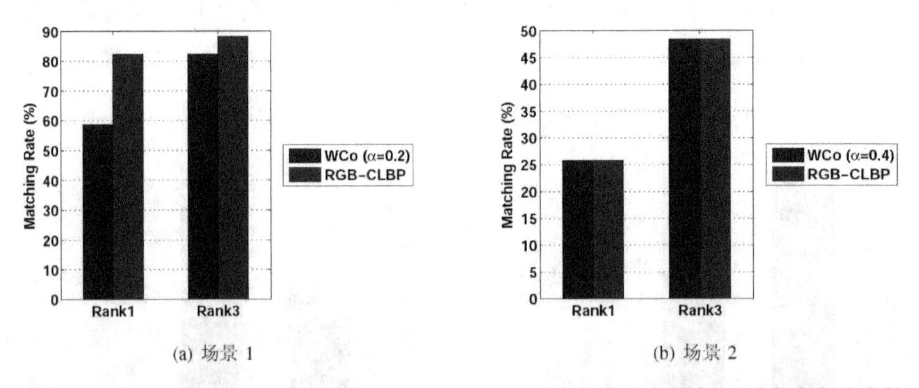

图 8.16 两个场景中 WCo 方法和 RGB_ CLBP 方法之间行人关联与识别成功率的比较

RGB_ CLBP 与 CBTF：*RGB_ CLBP* 方法采用了 Prosser 等人[4] 提出的累积亮度转移函数（CBTF）以减轻摄像机之间光照变化的影响。但 *RGB_ CLBP* 方法与 CBTF 方法之间的区别是 *RGB_ CLBP* 利用了彩色目标的颜色信息和彩色纹理信息的互补表示，而 CBTF 方法只利用了颜色信息。

在这个实验中，我们进行了 *RGB_ CLBP* 方法与 CBTF 方法之间的比较。图 8.17 给出了两者之间的比较结果。在场景 1 中，两个摄像机之间的光照变化不是很大。图 8.17（a）给出了这个场景的实验结果，结果表明，与 CBTF 方法比较，*RGB_ CLBP* 方法在 Rank1 和 Rank3 上的行人关联与识别正确率分别获得了大约 12%和 6%的提高。这一点表明 *RGB_ CLBP* 方法是很有优势的。由于场景 2 是具有挑战性的环境，两种方法都产生了较低的正确率，但 *RGB_ CLBP* 方法仍然比 CBTF 方法有更好的性能。具体来说，在场景 2 中，与 CBTF 方法比较，*RGB_ CLBP* 方法的正确率获得了大约 6%的提高。这个实验表明 *RGB_ CLBP* 描述子是很有效的，因为它利用了颜色信息与局部空间模式信息的组合信息。

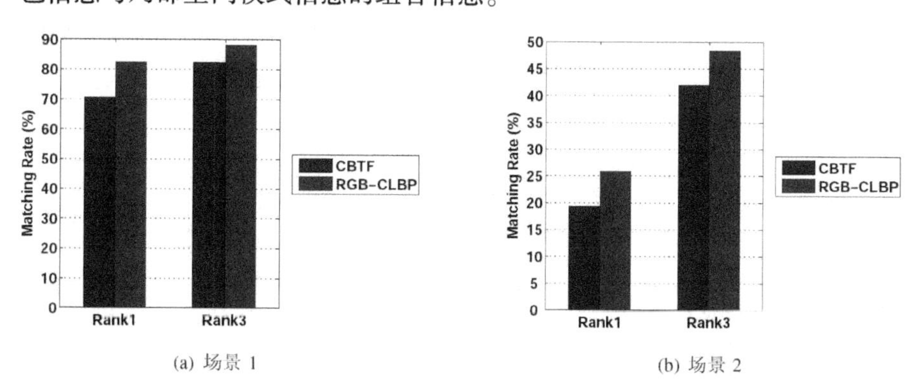

图 8.17　CBTF 方法与提出的 RGB_ CLBP 方法之间行人关联与识别成功率的比较

RGB_ CLBP 与 MCSHR：另一种基于表观的方法是 Madden 等人[1]提出的主颜色频谱直方图表示（MCSHR）方法。在这种方法中，通过聚类目标表观的颜色去形成主要颜色，从而获得目标表观的颜色直方图。然而，如果两个摄像机之间具有明显的光照变化，那么对同一个目标而言，从这两个摄像机中分别获得的目标图像的颜色信息是很不一样的。在这种情况下，使用主颜色频谱直方图表示（MCSHR）方法的行人关联与识别将会很容易失败。图 8.18 给出了 *RGB_ CLBP* 方法和主颜色频谱直方图表示（MCSHR）方法之间的比较结果。实验结果表明，在给出的两个实际场景中，由于两个摄像机之间具有明显不同的光照变化，所以主颜色频谱直方图表示（MCSHR）方法受到很严重的影响。

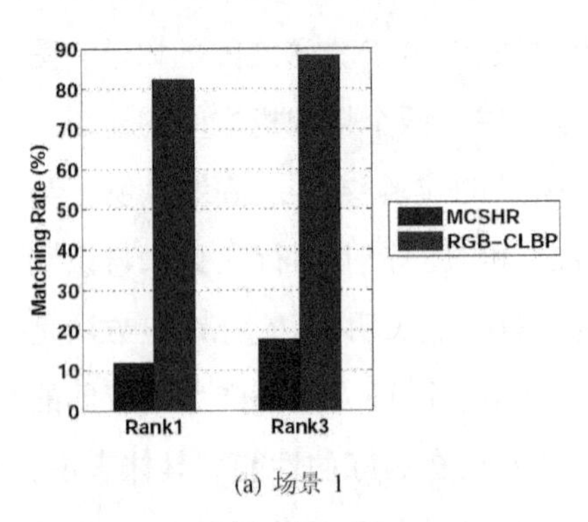

(a) 场景 1

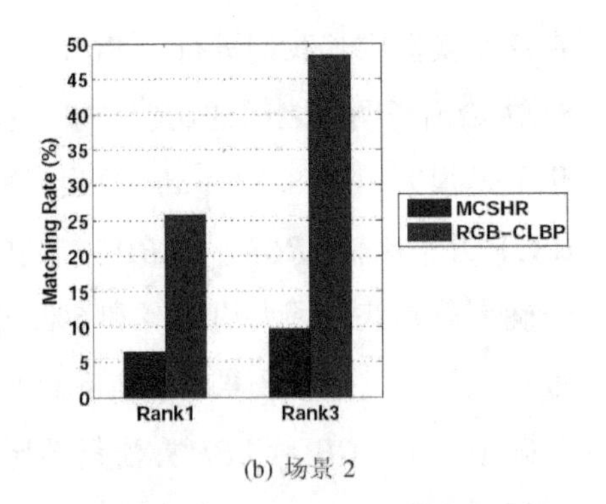

(b) 场景 2

图 8.18　MCSHR 方法与提出的 RGB_ CLBP 方法之间行人关联与识别成功率的比较

表 8.1 给出了三种基于表观的方法（CBTF 方法、MCSHR 方法和我们的方法）在场景 1 中匹配每一个目标时所花的平均时间。累积亮度转移函数（CBTF）方法是最快的，但我们的方法与 CBTF 方法相差并不大，两者都能满足实时性的要求。

表 8.1　场景 1 中匹配每一个目标所花的平均时间

方法	平均时间（s）
我们的方法	0. 1767
CBTF 方法	0. 1407
MCSHR 方法	4. 2797

旋转不变性验证：为了验证提出的 *RGB_ CLBP* 描述子具有旋转不变性，我们从 Outex 数据库[19]中提取彩色纹理数据集 C 和数据集 D 用于实验，这两个数据集都是由硬件旋转而获得的，旋转的角度分别为 0°，5°，10°，15°，30°，45°，60°，75°，90°。数据集 C 包含 45 种彩色纹理类[20]，图 8. 19 给出了该数据集中所有的彩色纹理类（每类只给出一幅图像）。数据集 C 总共有 720 个彩色纹理样本（每类 16 个样本）。为了测试旋转不变性，从数据集 C 中随机选择 0°时的一半样本作为训练集，每个测试集分别取自 α 角度时的所有样本，其中 $\alpha \in \{0°, 5°, 10°, 15°, 30°, 45°, 60°, 75°, 90°\}$。数据集 D 包含 46 种帆布彩色纹理类，图 8. 20 给出了该数据集中 30°时的所有彩色纹理类（每类也是只给出一幅图像）。从图中可

以看出，由于该数据集中某些纹理类之间具有非常相似的视觉特征，所以该数据集是很有挑战性的。数据集 D 总共有 736 个彩色纹理样本。表 8.2 给出了 *RGB_ CLBP* 描述子在数据集 C 和 D 上的分类结果。从表中可以看出，提出的 RGB_ CLBP 描述子是旋转不变的，这与前面的理论分析也是吻合的。

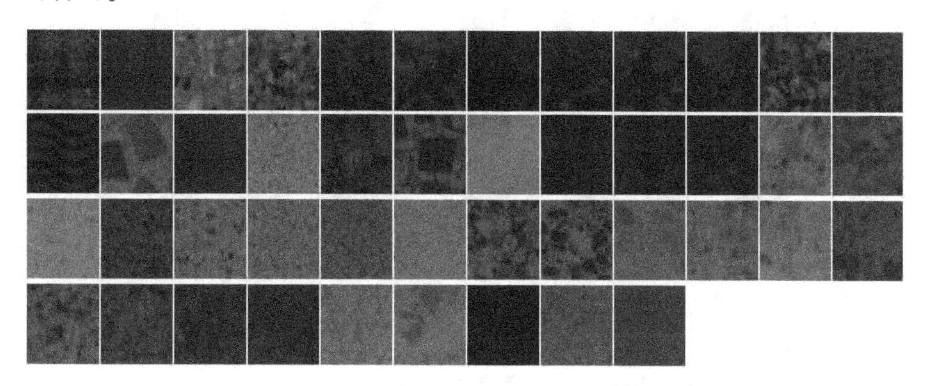

图 8.19　数据集 C：45 种彩色纹理类（每类给出一幅图像）

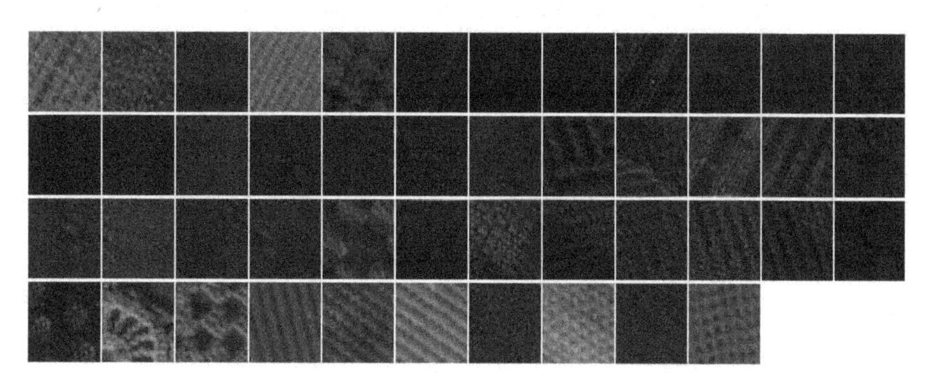

图 8.20　数据集 D：旋转角度为 30 时的 46 种帆布彩色纹理类的样本（每类给出一幅图像）

表 8.2　RGB_ CLBP 描述子在彩色纹理数据集 C 和 D 上的分类结果

数据集	平均值	0°	5°	10°	15°	30°	45°	60°	75°	90°
数据集 C	98.21	97.78	98.62	99.72	98.34	97.22	95.00	99.16	99.44	98.62
数据集 D	92.24	97.01	96.74	94.02	92.12	86.68	82.88	90.22	94.02	96.46

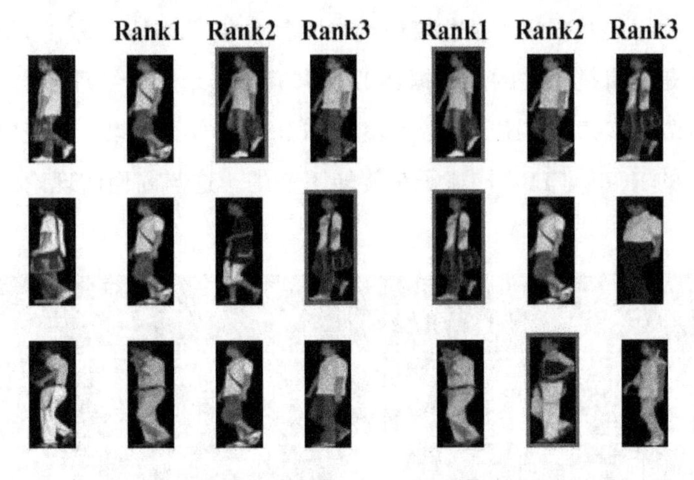

图 8.21　基于部分行人表示与基于整体行人表示比较时的实验结果的一些例子

8.4.2.4　基于部分行人表示方法的评价

这个实验给出了基于整体行人表示和基于部分行人表示方法的比较，从而去评价基于部分行人表示方法的有效性。图 8.21 给出了基于整体行人表示方法与基于部分行人表示方法之间一些比较性实验结果。从这个图中我们可以看到，对基于整体行人表示而言，我们能够分别在 Rank2（第一行）和 Rank3（第二行）上找到匹配目标，但在第三行，前三个 Rank 上都没有找到对应的匹配目标。而使用基于部分行人表示，我们能够分别在 Rank1（第一行），Rank1（第二行）和 Rank2（第三行）上找到对应的匹配目标。此外，对这两种表示方法，我们也给出了一个定量的分析。表 8.3 给出了这两种表示方法的实验结果。图 8.22 给出了这些结果的一个可视化描述。场景 1 中的实验结果表明与基于整体行人表示方法比较时，基于部分行人表示的方法在 Rank1 和 Rank3 上的行人关联与识别正确率都获得了大约 12%的提高。在场景 2 中，虽然两种表示都受到了摄像机之间严重的光照及颜色变化的影响，但是基于部分行人表示的方法在 Rank1 和 Rank3 上的正确率仍然分别获得大约 13%和 22%的提高。这个实验结果表明，在非重叠视域摄像机之间行人关联与识别时，提出的基于部分行人表示要明显优于基于整体行人表示。

表 8.3 两个场景中基于部分行人表示与基于整体行人表示之间的比较结果

	总的行人转移数目（#）	基于整体行人表示				基于部分行人表示			
		正确匹配数目（#）		正确率（%）		正确匹配数目（#）		正确率（%）	
		Rank1	Rank3	Rank1	Rank3	Rank1	Rank3	Rank1	Rank3
场景 1	34	28	30	82.35	88.24	32	34	94.12	100
场景 2	31	8	15	25.81	48.39	12	22	38.71	70.97

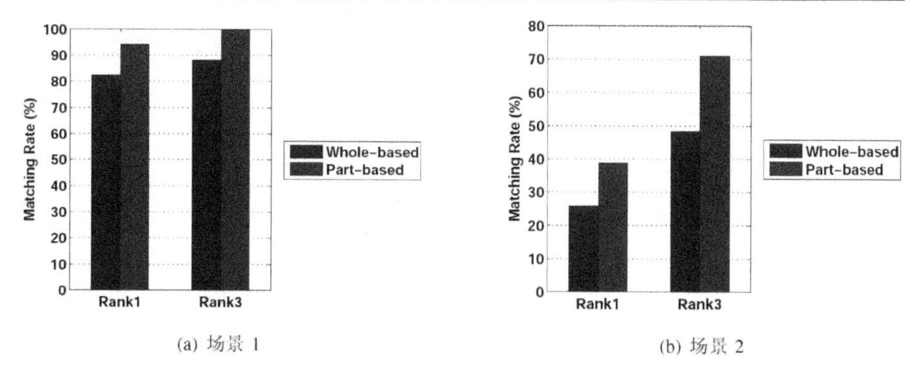

(a) 场景 1　　(b) 场景 2

图 8.22 基于部分行人表示与基于整体行人表示之间的比较结果

8.5 本章小结

为了在彩色空间中刻画彩色目标的彩色纹理信息，我们将原始的刻画灰度图像纹理信息的局部二进制模式（LBP）扩展到彩色空间并提出了彩色局部二进制模式（CLBP）描述子。此外，对非重叠视域摄像机之间的行人关联与识别来说，颜色特征仍然是一个很重要的特征，因此我们进一步依据行人表观的彩色纹理信息及颜色信息，提出了一个新颖的具有旋转不变性的颜色纹理描述子（*RGB_ CLBP* 描述子）去实现非重叠视域摄像机之间的行人关联与识别，这个描述子组合了行人表观的颜色信息和彩色纹理信息。考虑到行人穿着的上半身衣服和下半身衣服之间的颜色和彩色纹理信息通常是不同的，我们进一步提出了一个基于部分的行人表达去实现非重叠视域摄像机之间的行人关联与识别。

参考文献

[1] Madden C, Cheng E D, Piccardi M. Tracking People across Disjoint Camera Views by an Illumination-tolerant Appearance Representation. Machine Vision and Ap-plications, 2007, 18: 233-247.

[2] Cheng E D, Piccardi M. Disjoint Track Matching based on a Major Color Spectrum Histogram Representation. Optical Engineering, 2007, 46 (4): 1-14 (047201).

[3] Javed O, Shafique K, Shah M. Appearance Modeling for Tracking in Multiple Non-overlapping Cameras. Proceedings of IEEE Conference on Computer Vision and Pattern Recognition, 2005. 26-33.

[4] Prosser B, Gong S, Xiang T. Multi-camera Matching using Bi-directional Cumulative Brightness Transfer Functions. Proceedings of British Machine Vision Conference, 2008.

[5] Chen J, Shan S, He C, et al. WLD: A Robust Local Image Descriptor. IEEE Trans. Pattern Analysis and Machine Intelligence, 2010, 32 (9): 1705-1720.

[6] Jeong K, Jaynes C. Object Matching in Disjoint Cameras using a Color Transfer Approach. Machine Vision and Application, 2008, 19: 443-455.

[7] Ojala T, Pietikäinen M, Mäenpää T. Multiresolution Gray-scale and Rotation Invari-ant Texture Classification with Local Binary Pattern. IEEE Transactions on Pattern Analysis and Machine Intelligence, 2002, 24 (7): 971-987.

[8] Maenpaa T, Ojala T, Pietikainen M, et al. Robust Texture Classification by Subsets of Local Binary Patterns. Proceedings of 15th International Conference on Pattern Recognition, 2000. 947-950.

[9] Ojala T, Pietikäinen M, Harwood D. A Comparative Study of Texture

Measures with Classification based on Feature Distributions. Pattern Recognition Letters, 1996, 29 (1): 51-59.

[10] Lian S, Law M W K, Chung A C S. Dominant Local Binary Patterns for Texture Classification. IEEE Trans. Image Process, 2009, 18 (5): 1107-1118.

[11] Guo Z, Zhang L, Zhang D. A Completed Modeling of Local Binary Pattern Operator for Texture Classification. IEEE Trans. Image Process, 2010, 19 (6): 1657-1663.

[12] Mäenpää T, Pietikäinen M. Classification with Color and Texture: Jointly or Sepa-rately? Pattern Recognition, 2004, 37: 1629-1640.

[13] Pietikäinen M, Mäenpää T, Viertola J. Color Texture Classification with Color His-tograms and Local Binary Patterns. Proceedings of the 2nd International Workshop on Texture Analysis and Synthesis, 2002. 109-112.

[14] Porebski A, Vandenbroucke N, Macaire L. Haralick Feature Extraction from LBP Images for Color Texture Classification. Proceedings of Image Processing Theory, Tools & Applications, 2008. 1-8.

[15] Zhou S K, Chellappa R. From Sample Similarity to Ensemble Similarity: Probabilis-tic Distance Measures in Reprocucing Kernel Hilbert Space. IEEE Trans. on Pattern Analysis and Machine Intelligence, 2006, 28 (6): 917-929.

[16] Swain M, Ballard D. Color Indexing. International Journal of Computer Vision, 1991, 7 (1): 11-32.

[17] Ahonen T, Hadid A, Pietikäinen M. Face Recognition with Local Binary Patterns. Proceedings of European Conference on Computer Vision, 2004. 469-481.

[18] Hossain M A, Makihara Y, Wang J, et al. Clothing-invariant Gait Identification Using Part-based Clothing Categorization and Adaptive Weight Control. Pattern Recognition, 2010, 43: 2281-2291.

[19] Ojala T, Mäenpää T, Pietikäinen M, et al. Outex-new framework for

empirical evaluation of texture analysis algorithms,. Proceedings of Proceedings of the 16th International Conference on Pattern Recognition, 2002.

[20] Bianconi F, Fernandez A, Gonzalez E, et al. Rotation-invariant colour texture clas - sification through multilayer CCR. Pattern Recognition Letters, 2009, 30 (8): 765-773.

基于贝叶斯模型的非重叠视域多摄像机目标跟踪

9.1 引言

在前面章节中，我们提出了基于行人表观特征去实现非重叠视域摄像机之间的行人关联与识别。但这种方法需要事先训练摄像机之间的亮度转移函数。然而摄像机之间的亮度转移函数通常并不是唯一的，它会随着视频帧的变化而变化，尤其是场景的光照条件随时间变化较大时，基于亮度转移函数的方法因转移函数的不准确而不能得到理想的结果。因此，基于亮度转移函数的方法适用于场景的光照条件随时间变化较小的环境，如室内环境。

在解决非重叠视域摄像机之间的行人关联与识别问题时，行人的表观特征是一个重要的线索。除了表观特征之外，行人经过两个摄像机之间的时间关系也是解决该问题的一个很重要的特征线索。本章我们提出一个贝叶斯模型去解决多个非重叠视域摄像机之间的行人关联与识别问题。与以前方法明显不同的是，我们的模型既不需要事先假定行人已经被完好地分割，也不需要事先估计行人在摄像机之间的行走轨迹。为了构造这个贝叶斯模型，首先，我们提出一个时空关系模型，它是由一个摄像机的进入域中检测到的一个目标与另一个摄像机的离开域中检测到的潜在关联目标所形成的假设空间构造而成。然后，对于两个非重叠视域摄像机之间的行人表观匹配，我们提出了一个竞争性主颜色频谱直方图表示（CMCSHR）的表观模型。该表观模型不需要事先的训练过程，并且受场景的光照条件随时间变化的影响较小。基于提出的时空关系模型和表观模型，我们进一步通过一个最大后验概率（MAP）贝叶斯模型将它们组合起来。运用这个贝叶斯模型，当一个摄像机的进入域中检测到的一个新目标关联于另一个摄像机的离开域中检测到的一个组假设（多于一个目标）时，我们进一步提出一个使用最佳图匹配（OGM）算法的在线行人关联更新算法去解决摄像机之间的行人关联与识别问题。

基于非重叠视域摄像机网络的监控通常是一个摄像机之间的目标关联与识别问题，目前已经存在的方法主要是基于时空关系线索、视觉表观线索及二者的组合。

9.1.1 基于时空关系线索的方法

Makris 等人[11]和 Wang 等人[1]通过目标的活动信息对目标的轨迹进行建模，利用轨迹模型这个时空关系去实现摄像机之间的目标关联与识别。他们的工作基于这样一个假设：如果两条轨迹属于同一个活动，那么这两条轨迹就很可能关联于同一个目标。Rahimi 和 Darrell[12]及 Kettnaker 和 Zabih[13]也报告了相似的工作。Rahimi 和 Darrell[12]利用不同摄像机观察到的目标位置和速度去复原与该目标的动力学最相似的轨迹，从而实现目标在非重叠视域摄像机之间的关联。Kettnaker 和 Zabih[13]提出利用摄像机之间的目标转移时间去实现跟踪。他们利用一个贝叶斯模型去重构经过多个摄像机之间的目标路径以实现目标的连续跟踪。基于时空关系线索方法的性能大大地依赖于目标在摄像机之间运行的实际轨迹与估计轨迹的拟合程度。此外，这些方法需要经过长时间观察摄像机之间的目标关联来训练他们的模型。

9.1.2 基于视觉表观线索的方法

其他一些方法[2,3,5,7,10]利用目标的视觉表观线索来实现非重叠视域摄像机之间的目标关联与识别。这些方法是不需要获得目标运行的一个完整轨迹的。在这些方法中，主要利用的表观线索是行人的表观颜色信息。视觉表观线索，尤其是颜色，受光照条件的变化影响很大。为了减轻光照变化的影响，Madden 和 Cheng 等人[2,3]提出了一个基于在线 K 均值颜色聚类算法的表观表示。Javed，Prosser 及 Jeong 等人[5,7,10]利用摄像机之间的亮度转移函数将一个摄像机中观察到的亮度值映射到另一个摄像机中，然后通过亮度值的匹配实现目标在摄像机之间的关联。一旦确定摄像机之间的这种映射，非重叠视域摄像机之间的目标关联与识别问题就简化为变换直方图或表观模型的匹配。其他一些工作[14-17]研究了关于非重叠视域摄像机之间行人关联与识别的一个更广泛的主题，即行人身份的重新确认问题。在这些工作中，利用了行人视觉表观更复杂的表示，例如空间图[15]，空间共生矩阵[14,17]及集成特征[16]。由于计算量的原因，这些复杂的表观表示没有广泛地用于多摄像机之间的行人关联与识别。然而在他们这些工作中，颜色特征仍然被广泛地应用，但他们却对减轻光照变化的影响没有做太多的尝试。

9.1.3 组合时空关系及视觉表观线索的方法

近来，提出了一些组合时空关系及视觉表观线索的方法去实现摄像机之间的行人关联与识别。Gilbert 和 Bowden[4]组合颜色信息和摄像机之间时空关系连接的后验概率分布去对摄像机之间的对应函数进行建模。Javed 等人[6]利用核密度估计方法估计时空变量（行人进入和离开摄像机的位置，行人的速度及行人在摄像机之间的转移时间）的多元概率密度函数去建立摄像机之间的关系模型，同时在一个低维的亮度转移函数子空间中运用概率主成分分析处理行人的表观变化，从而实现行人的表观匹配。Chen 等人[18]通过自适应地学习时空关系及亮度转移函数来扩展了这种方法。在 Chen 等人[18]提出的方法中，每一对摄像机之间需要计算亮度转移函数并用它们去实现非重叠视域摄像机之间行人的关联。然而摄像机之间的亮度转移函数通常并不是唯一的，它会随着视频帧的变化而变化，而且亮度转移函数还依赖于大量的参数，包括光照条件，场景的几何结构，摄像机的曝光时间，焦距长度及光圈大小等。为此，这种方法需要大量的数据和时间去学习摄像机之间的亮度转移函数。

9.1.4 本章主要内容

虽然组合时空关系与视觉表观线索的方法能够提高非重叠视域摄像机之间行人关联与识别的性能，但是存在的方法需要对图像中每一个行人进行准确的分割或者需要事先估计行人在摄像机之间的行走轨迹。此外，在计算机视觉领域里，行人与行人之间的相互遮挡问题仍然是一个开放性的研究问题。由于具有非重叠视域的多个不同摄像机所观察到的实际场景不同，而且不同场景之间的光照条件可能存在很大差别，所以对同一个目标，不同摄像机所获取的目标图像在表观上往往会有很大差别。然而，消除不同摄像机之间光照条件变化影响的鲁棒性表观匹配仍然是一个没有解决的问题。为了解决这些问题，首先，我们对一个摄像机的进入视域中检测到的每一个新目标（行人）构造一个假设空间，该假设空间是由另一个摄像机的离开视域中检测到的与该新目标具有潜在关联关系的若干个目标形成。构成这个假设空间的每一个假设是由这若干个潜在关联目标中的单个目标或几个目标形成的一个组目标构成。在假设空间中的所有这些假设中，总有一个假设关联于这个新检测到的目标。然后，我们依据新检测到的目标与每一个假设中的目标之间的时空关系线索建立一个时空关系模型，依据目标的视觉表观线索建立一个表观模型。最后，基于构造的时空关系模型和表观模型，我们建立假设空间内的一个贝叶斯模型去实现非重叠视域摄像机之间的行人关联与识别。提出的贝叶斯模型能够提高非重叠视域摄像机之间行人关联与识别的性能，并能够处理因光照条件的变化引起的表观变化问题及遮挡问题。

利用这个贝叶斯模型去实现非重叠视域摄像机之间行人关联与识别的过程中，如果在一个摄像机的进入视域中检测到的一个新目标关联于离开另一个摄像机的离开视域的若干个潜在关联目标所形成的假设空间中的一个组假设，那么这个新检测到的目标将用这个组假设的所有目标标记的全体进行标记。在这种情况下，我们将继续跟踪这个新目标直到它分裂。对分裂后的目标，我们提出了运用最佳图匹配（OGM）算法的一个在线更新算法去实现非重叠视域摄像机之间的目标关联与识别。

为了减轻表观匹配受光照变化的影响，我们扩展了主颜色频谱直方图表示（MCSHR）方法[2]并提出了竞争性主颜色频谱直方图表示（CMCSHR）方法。在主颜色频谱直方图表示方法中，目标的主要颜色是通过在线K均值聚类算法获得的，与这种方法不同的是，我们提出的竞争性主颜色频谱直方图表示方法中的目标主要颜色是通过竞争性聚类算法而获得的。竞争性聚类算法不仅能够获得更加鲁棒性的目标主要颜色，而且还能够自动地确定主要颜色的数目。相比于非重叠视域摄像机之间的亮度转移函数方法，竞争性主颜色频谱直方图表示（CMCSHR）方法对光照条件的变化更具有鲁棒性。

受Calderara等人[9]提出的解决重叠视域摄像机之间的行人关联与识别问题的方法启发，我们提出了一个贝叶斯模型去解决非重叠视域摄像机之间的行人关联与识别问题。虽然我们的模型与Calderara等人[9]的方法相似，但是两者所解决问题的目标是完全不一样的。而且我们是组合非重叠视域摄像机之间目标的时空关系模型与目标的视觉表观模型来构造这个贝叶斯模型，而Calderara等人是利用重叠视域摄像机之间目标的特征几何关系信息。由于所采用的特征不同，导致了两者具有完全不同的建模方法。此外，我们提出的贝叶斯模型首次尝试去解决行人之间的相互遮挡问题/组问题，即在一个摄像机的进入视域中检测到的一个新目标，如果它是由几个行人相互遮挡形成的一个组目标，那么利用我们的贝叶斯模型，该多个行人相互遮挡的组目标能正确地关联于另一个摄像机的离开视域中检测到的这几个单个行人。

总之，本章的主要内容为：1）利用贝叶斯模型去实现非重叠视域摄像机之间的行人关联与识别，并且该模型不需要对摄像机的进入视域中检测到的新组目标中的每一个单个行人进行准确分割；2）依据非重叠视域摄像机之间目标的时空关系信息，提出了目标之间的一个时空关系模型；3）提出了一个新颖并且有效的颜色特征描述，即竞争性主颜色频谱直方图表示，用于表观匹配；4）提出了运用最佳图匹配（OGM）算法的一个在线更新算法去处理遮挡发生时的摄像机之间的行人关联与识别。

9.2 基于贝叶斯模型的非重叠视域多摄像机目标跟踪算法

假定我们有一个包含 K 个非重叠视域摄像机 C^1，C^2，$\cdots C^k$ 的监控系统，并且通过行人基于摄像机之间的行走而获得的时间关系去建立所有这些摄像机的一个拓扑网络结构。这个拓扑网络结构将监控系统中的所有摄像机连接在一起。每一个摄像机是这个拓扑网络上的一个节点。在我们的系统中，我们假定每一对摄像机之间的连接路径是唯一的和确定的。记 t_{ex}^i 和 t_{en}^j 分别为一个行人以正常的速度离开摄像机 C^i 的离开时间和进入摄像机 C^j 的进入时间。记 T 是一个正的时间阈值，它近似为行人经过非重叠视域摄像机之间的最大转移时间间隔。如果时间 t_{ex}^i 和 t_{en}^j 满足下面的条件：

$$t_{en}^j < t_{ex}^i + T \tag{9.1}$$

那么摄像机 C^i 和摄像机 C^j 在摄像机拓扑网络结构上将是相连的。在大多数情况下，这样的限制条件是合理的。图 9.1 给出了一个行人以正常的速度沿着箭头方向运动的一个模拟例子。图 9.1（a）给出了摄像机之间的视域是非重叠的摄像机拓扑网络结构。图 9.1（b）给出了行人以正常的速度在摄像机之间行走的时间关系。行人进入摄像机 C^2 的进入时间 t_{en}^2 和离开摄像机 C^1 的离开时间 t_{ex}^1 满足公式 9.1，因此，摄像机 C^1 和摄像机 C^2 在摄像机拓扑网络上是相连的。由于行人进入摄像机 C^3 的进入时间 t_{en}^3 和离开摄像机 C^2 的离开时间 t_{ex}^2 的时间差小于阈值 T（$t_{en}^3 - t_{ex}^2 < T$），而行人进入 C^3 的进入时间 t_{en}^3 和离开 C^1 的离开时间 t_{ex}^1 的时间差大于阈值 T（$t_{en}^3 - t_{ex}^1 > T$），因此在摄像机拓扑网络结构中，摄像机 C^2 和摄像机 C^3 也是相连的，而摄像机 C^1 和摄像机 C^3 却是不相连的。

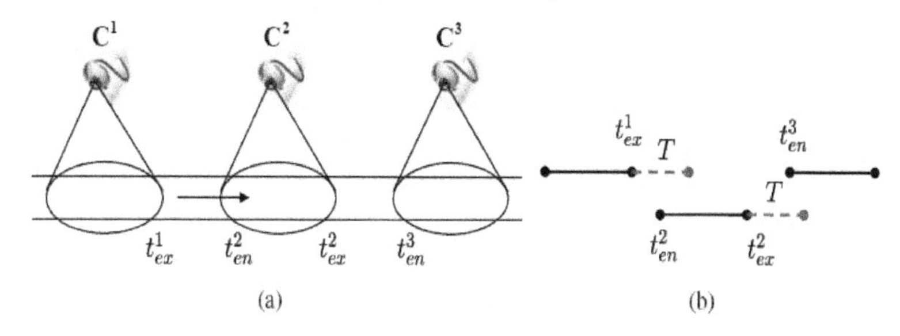

图 9.1 摄像机网络的拓扑结构及时间关系的一个示例

为了能更简化地表述，我们假定只考虑两个非重叠视域摄像机 C^1 和 C^2 之间的行人关联与识别问题。在摄像机拓扑网络结构中，如果任何一对摄像机之间的行人关联与识别问题已解决，那么扩展到具有 K 个摄像机的拓扑网络结构中的摄像机之间行人关联与识别只需要稍作修改就能很容易地实现。图 9.2 给出了我们所提出的基于两个非重叠视域摄像机之间行人关联方法的处理流程框架图。记 O_{new}表示摄像机 C^2 的进入视域中检测到的一个新目标（行人）。由于该新目标可能是单个行人，也可能是多个行人相互遮挡而成的目标，所以我们要解决的摄像机之间的行人关联与识别问题就是将进入摄像机 C^2 的这个新目标 O_{new} 与离开摄像机 C^1 的离开视域中检测到的 N 个潜在关联目标的一个子集进行对应。由于摄像机之间的行人关联解决的是摄像机 C^2 中检测到的目标与摄像机 C^1 中哪个或哪些行人相关联，所以所有离开摄像机 C^1 进入摄像机 C^2 的行人在 C^1 中必须事先分配唯一的标记，也即与 O_{new}具有潜在关联性的这 N 个潜在关联行人目标能够在摄像机 C^1 中被独立地检测到并赋予唯一的标记。这 N 个潜在关联行人目标必须满足下面的时间条件约束：

$$t_{en}^2 - T_{\max} \leq t_{ex}^1 \leq t_{en}^2 - T_{\min} \tag{9.2}$$

这里 t_{ex}^1 是具有潜在关联性的某个行人离开摄像机 C^1 的离开时间，t_{en}^2 是在摄像机 C^2 的进入视域中检测到的这个新目标 O_{new} 的进入时间，$T_{\max}$ 和 $T_{\min}$ 分别表示不同的行人以正常的速度离开摄像机 C^1 到进入摄像机 C^2 的最大时间间隔和最小时间间隔。由于新目标 O_{new} 与这 N 个潜在关联行人目标的某个子集进行关联，所以我们将这 N 个潜在关联行人目标构造一个假设空

间 Γ，即 $\Gamma=\{\varphi_k \mid k=1, 2, \cdots, 2^N-1\}$。在这个假设空间中，每一个假设由一个单个行人或者几个单个行人组成（组假设），即在摄像机 C^2 中检测到的这个新目标 O_{new} 有可能对应于摄像机 C^1 中的某个单个行人或者一组行人。如果 O_{new} 对应于一组行人，那么表明这组行人在摄像机 C^2 的进入视域中相互遮挡而被检测为一个目标 O_{new}。

构造好这个假设空间 Γ 后，类似于 Calderara 等人提出的方法[9]，我们采用一个最大后验概率（MAP）估计方法去找到与 O_{new} 最可能关联的假设 φ_i，即：

$$i=\arg\max_k p(\varphi_k \mid O_{new})=\arg\max_k p(O_{new} \mid \varphi_k)p(\varphi_k) \tag{9.3}$$

为了计算得到这个最大后验概率（MAP），我们必须估计每一个假设 φ_k 的先验概率（即 $p(\varphi_k)$）和给定假设 φ_k 的情况下这个新目标 O_{new} 出现的似然性（即 $p(O_{new} \mid \varphi_k)$）。在我们的工作中，先验概率 $p(\varphi_k)$ 的计算是通过建立一个时空关系模型而获得。对似然性 $p(O_{new} \mid \varphi_k)$ 的计算，我们提出一个竞争性主颜色频谱直方图表示（CMCSHR）方法去估计它。此外，如果摄像机 C^2 的进入视域中检测到的新目标 O_{new} 关联于一个组假设（多个行人组成的假设），即 O_{new} 由多个相互遮挡的行人组成，那么解决这种情况下的摄像机之间的行人关联，我们还提出了运用最佳图匹配（OGM）算法的一个在线关联更新算法去处理发生在摄像机 C^2 的进入视域中的行人的相互遮挡问题。

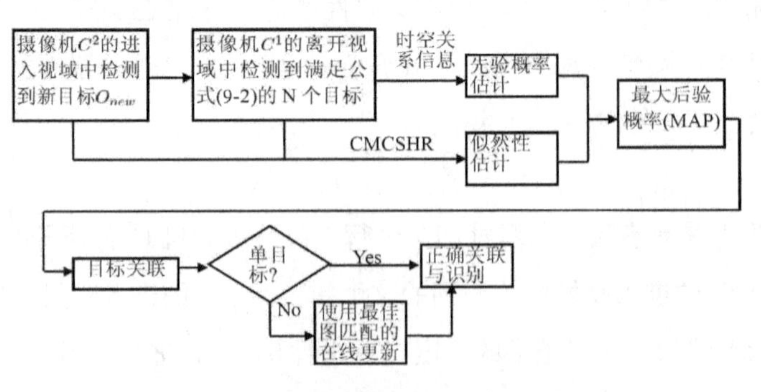

图 9.2　两个非重叠视域摄像机之间目标关联与识别的贝叶斯模型框架

9.2.1 计算先验概率的时空关系模型

一个假设的先验概率表明这个假设发生的可能性大小。具体来说，记 $O=\{O_1, O_2, \cdots, O_N\}$ 表示离开摄像机 C^1 的 N 个潜在关联行人目标的集合。这 N 个目标形成的假设空间为 $\Gamma=\{\varphi_k \mid k=1, 2, \cdots, 2^N-1\}$，它包含所有 2^N-1 个可能的子集，每一个子集由一个单个的行人目标或者几个行人目标组成。由于要估计的是摄像机 C^2 的进入视域中检测到的新目标 O_{new} 的先验概率，所以先验概率 $p(\varphi_k)$ 的计算不需要使用任何关于 O_{new} 的信息。在通常情况下，我们会使用假设空间 Γ 中的一个均匀分布作为一个给定假设 φ_k 的先验概率，即 $p(\varphi_k)=p_0=1/|\Gamma|$。然而，我们知道，在贝叶斯决策理论[75]中，如果先验概率采用均匀分布，那么此时的先验概率对最大后验概率（MAP）的决策没有提供任何信息。我们要解决的问题是摄像机 C^2 的进入视域中检测到的目标 O_{new} 关联于摄像机 C^1 中的哪个或哪些行人。按照直觉来说，如果构成某个假设的所有这些行人几乎同时进入摄像机 C^2 的进入视域（即这些行人在摄像机 C^2 的进入视域中就很可能会相互遮挡而被检测为一个目标），而这个假设中的行人目标与其他假设中的行人目标则在完全不同的时间进入摄像机 C^2 的进入视域，那么这个假设应该会获得更高的先验值。另一方面，如果组成某个假设的所有这些行人目标在不同的时间进入摄像机 C^2 的进入视域，但这个假设中的有些行人目标与其他假设中的某些行人目标又同时进入摄像机 C^2 的进入视域，那么这个假设就应该获得较低的先验值。

基于上面的考虑，我们将先验概率建模为均匀分布与可变概率的组合，可变概率是根据摄像机之间目标的时空关系信息为每一个假设 φ_k 在均匀分布的基础上设置的一个偏置。这个时空关系模型是通过摄像机 C^2 的进入视域中检测到新目标 O_{new} 的进入时间与摄像机 C^1 的离开视域中与 O_{new} 具有公式 9.2 约束的 N 个潜在关联行人来建模得到。当一个行人目标 O_j 从摄像机 C^1 行走到摄像机 C^2，记 t_j^1 为行人离开摄像机 C^1 的离开时间，t_j^2 为行人进入摄像机 C^2 的进入时间。时间 t_j^2 可由下面的公式估计得到：

$$t_j^2 = t_j^1 + \frac{d}{v_j} \tag{9.4}$$

这里 d 为摄像机 C^1 的离开视域与摄像机 C^2 的进入视域之间的距离，v_j 为行人目标 O_j 的行走速度。根据上面的讨论，时间 t_j^2 就可用于先验概率的计算。对一个给定假设 φ_k ，我们先计算这个假设 φ_k 的得分 σ_k ，然后通过得分 σ_k 按比例分配值来估计得到假设 φ_k 的先验概率[9]。该假设 φ_k 的得分 σ_k 是通过组成假设 φ_k 的这些行人进入摄像机 C^2 的进入时间差（假设内时间差）与假设 φ_k 中的任何一个行人和其他假设里的任何一个行人进入摄像机 C^2 的进入时间差（假设间时间差）来确定。具体来说，假设 φ_k 的得分 σ_k 由假设内时间差和假设间时间差的差值计算得到。假设内时间差可由下式计算：

$$W_{td} = \max_{\{O_a,\ O_b\} \in \varphi_k} \left| t_a^2 - t_b^2 \right| \tag{9.5}$$

假设间时间差可由下式计算：

$$B_{td} = \min_{O_a \in \varphi_k,\ O_b \in \Gamma - \{\varphi_k\},\ a \neq b} \left| t_a^2 - t_b^2 \right| \tag{9.6}$$

然后，类似于 Calderara 等人提出的方法[19]，每一个假设 φ_k 的相对得分 σ_k 可通过下式计算得到：

$$\sigma_k = B_{td} - W_{td} \tag{9.7}$$

如果一个给定假设 φ_k 的得分 σ_k 较高，那么表明组成这个假设的所有这些行人应该是几乎同时进入摄像机 C^2 的进入视域，而这个假设中的行人目标与其他假设中的行人目标则是在完全不同的时间进入摄像机 C^2 的进入视域。就像上面的描述一样，具有更高得分 σ_k 的假设 φ_k 将会获得更高的先验概率。为了使计算的先验概率 $p(\varphi_k)$ 满足概率所具有的特征，我们将假设空间 Γ 中的每一个假设的先验概率建模为均匀分布 $p_0 = 1/|\Gamma|$ 和可变概率 $\Delta\sigma(\varphi_k)$ 的组合，可变概率 $\Delta\sigma(\varphi_k)$ 就是通过给得分 σ_k 按比例分配一个值来计算得到[19]。即先验概率建模为：

$$p(\varphi_k) = p_0 + \Delta\sigma(\varphi_k) \tag{9.8}$$

其中

$$\Delta\sigma(\varphi_k)=\begin{cases}\dfrac{1/(|\Gamma|+1)}{\max\limits_{i=1,\cdots,|\Gamma|}(\sigma_i)-\min\limits_{i=1,\cdots,|\Gamma|}(\sigma_i)}\left(\sigma_k-\dfrac{\sum\limits_{i=1}^{|\Gamma|}\sigma_i}{|\Gamma|}\right), \\ \text{if } \max\limits_{i=1,\cdots,|\Gamma|}(\sigma_i)\neq\min\limits_{i=1,\cdots,|\Gamma|}(\sigma_i) 0, \text{ otherwise}\end{cases} \tag{9.9}$$

当 $\max\limits_{i=1,\cdots,|\Gamma|}(\sigma_i)\neq\min\limits_{i=1,\cdots,|\Gamma|}(\sigma_i)$ 时，

$$\begin{aligned}\Delta\sigma(\varphi_k)&=\frac{1/(|\Gamma|+1)}{\max\limits_{i=1,\cdots,|\Gamma|}(\sigma_i)-\min\limits_{i=1,\cdots,|\Gamma|}(\sigma_i)}\left(\sigma_k-\frac{\sum\limits_{i=1}^{|\Gamma|}\sigma_i}{|\Gamma|}\right)\\&<\frac{1/(|\Gamma|+1)}{\max\limits_{i=1,\cdots,|\Gamma|}(\sigma_i)-\min\limits_{i=1,\cdots,|\Gamma|}(\sigma_i)}\left(\sigma_k-\min\limits_{i=1,\cdots,|\Gamma|}(\sigma_i)\right)\\&<\frac{1/(|\Gamma|+1)}{\max\limits_{i=1,\cdots,|\Gamma|}(\sigma_i)-\min\limits_{i=1,\cdots,|\Gamma|}(\sigma_i)}\left(\max\limits_{i=1,\cdots,|\Gamma|}(\sigma_i)-\min\limits_{i=1,\cdots,|\Gamma|}(\sigma_i)\right)\\&<\frac{1}{|\Gamma|+1}\\&<\frac{1}{|\Gamma|}=p_0\end{aligned} \tag{9.10}$$

并且有

$$\begin{aligned}\sum_{k=1}^{|\Gamma|}\Delta\sigma(\varphi_k)&=\sum_{k=1}^{|\Gamma|}\left[\frac{1/(|\Gamma|+1)}{\max\limits_{i=1,\cdots,|\Gamma|}(\sigma_i)-\min\limits_{i=1,\cdots,|\Gamma|}(\sigma_i)}\left(\sigma_k-\frac{\sum\limits_{i=1}^{|\Gamma|}\sigma_i}{|\Gamma|}\right)\right]\\&=\frac{1/(|\Gamma|+1)}{\max\limits_{i=1,\cdots,|\Gamma|}(\sigma_i)-\min\limits_{i=1,\cdots,|\Gamma|}(\sigma_i)}\left(\sum_{k=1}^{|\Gamma|}\sigma_k-\sum_{i=1}^{|\Gamma|}\sigma_i\right)\\&=0\end{aligned} \tag{9.11}$$

由于可变概率 $\Delta\sigma(\varphi_k)$ 满足 $\Delta\sigma(\varphi_k)<p_0$ 和 $\sum\limits_{k=1}^{|\Gamma|}\Delta\sigma(\varphi_k)=0$，所以先验概率 $p(\varphi_k)$ 满足 $0\leq p(\varphi_k)\leq 1$ 及 $\sum\limits_{k=1}^{|\Gamma|}p(\varphi_k)=1$，即它遵从概率的定义。

图 9.3 给出了摄像机 C^2 的进入视域中检测到的一个行人与摄像机 C^1 的离开视域中检测到的若干个潜在关联行人的一个示例，图 9.3（a）给出

的是摄像机 C^2 的进入视域中检测到一个新目标 O_{new}，图 9.3（b）-（e）给出的是与 O_{new} 具有时间约束的摄像机 C^1 的离开视域中检测到的 4 个行人目标（O_{22}，O_{23}，O_{24} 和 O_{25}）。然后这个假设空间 Γ 就可构造为：

$$\Gamma=\{\{O_{22}\},\{O_{23}\},\{O_{24}\},\{O_{25}\},\{O_{22},O_{23}\},\{O_{22},O_{24}\},\{O_{22},O_{25}\},\{O_{23},O_{24}\},\{O_{23},O_{25}\},\{O_{24},O_{25}\},\{O_{22},O_{23},O_{24}\},\{O_{22},O_{23},O_{25}\},\{O_{22},O_{24},O_{25}\},\{O_{23},O_{24},O_{25}\},\{O_{22},O_{23},O_{24},O_{25}\}\}.$$

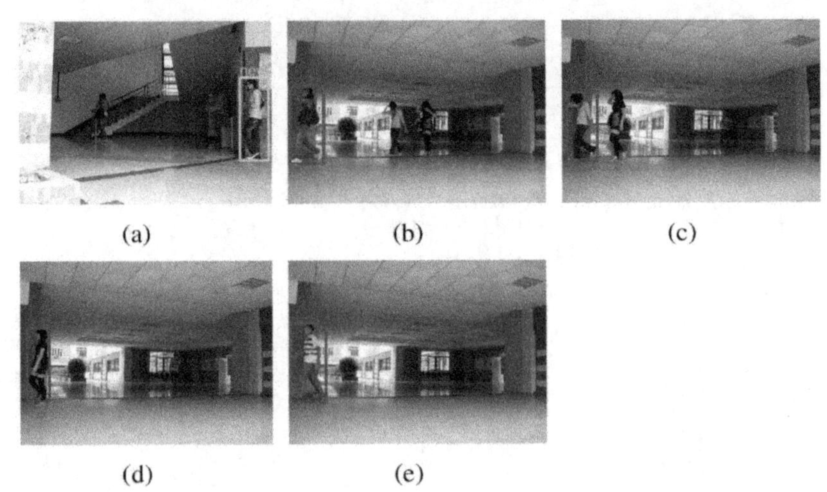

(a)　(b)　(c)

(d)　(e)

图 9.3　摄像机 C^2 的进入视域中检测到的一个行人与摄像机 C^1 的离开视域中检测到的若干个潜在关联行人的一个示例

运用前面介绍的先验概率计算模型，表 9.1 列出了该假设空间 Γ 中每个假设的得分 σ_k 及其先验概率值。

表 9.1　图 9.3 给出的例子中，计算得到的每一个假设的得分 σ_k 和先验概率值

假设	σ_k 值	先验概率
$\phi_1=\{O_{22}\}$	2.2	0.0882
$\phi_2=\{O_{23}\}$	1.0	0.0821
$\phi_3=\{O_{24}\}$	1.0	0.0821
$\phi_4=\{O_{25}\}$	4.5	0.1000
$\phi_5=\{O_{22},O_{23}\}$	-1.2	0.0708

续表

假设	σ_k 值	先验概率
$\phi_6 = \{O_{22}, O_{24}\}$	−2.2	0.0657
$\phi_7 = \{O_{22}, O_{25}\}$	−5.5	0.0488
$\phi_8 = \{O_{23}, O_{24}\}$	1.2	0.0831
$\phi_9 = \{O_{23}, O_{25}\}$	−4.5	0.0539
$\phi_{10} = \{O_{24}, O_{25}\}$	−3.5	0.0590
$\phi_{11} = \{O_{22}, O_{23}, O_{24}\}$	1.3	0.0836
$\phi_{12} = \{O_{22}, O_{23}, O_{25}\}$	−6.7	0.0426
$\phi_{13} = \{O_{22}, O_{24}, O_{25}\}$	−6.7	0.0426
$\phi_{14} = \{O_{23}, O_{24}, O_{25}\}$	−3.3	0.0600
$\phi_{15} = \{O_{22}, O_{23}, O_{24}, O_{25}\}$	−7.7	0.0375

9.2.2 计算似然性的表观模型

似然性 $p(O_{new} \mid \varphi_k)$ 表明给定一个假设 φ_k，目标 O_{new} 在摄像机 C^2 的进入视域中出现的概率。由于我们解决的是非重叠视域摄像机之间的行人关联问题，所以基于重叠视域摄像机之间的行人关联方法通常所采用的行人目标在摄像机之间的特征几何关系信息[9,19]，在这里将不再能适用。对解决非重叠视域摄像机之间的行人关联问题，表观信息，尤其是颜色信息，是最有用及有效的特征。因此，我们希望使用表观信息，主要是颜色信息去计算似然性 $p(O_{new} \mid \varphi_k)$。然而，在非重叠视域摄像机网络中，不同的摄像机观察到的场景不同，并且不同的场景具有不同的光照条件。此外，不同的摄像机具有不同的内外部参数。因而受这些条件的影响，同一目标在不同的摄像机中所观察到的目标颜色信息通常具有较大的差别。如果不考虑不同型号摄像机对目标表观的影响，那么同一目标在非重叠视域摄像机之间的目标表观差别主要是受到不同场景中光照条件的影响。近来，Madden 等人[2]介绍了一种主颜色频谱直方图表示（MCSHR）方法用于非重叠视域摄像机之间的行人关联。他们的方法是采用在线 K 均值聚类算法获得目标表观的主要颜色，然后基于获得的目标主要颜色实现摄像机之间的行人关联。他们的实验结果表明，所提出的主颜色频谱直方图表示的表观方法一定程度上能克服光照变化的影响，因此，这种表观表示方法能够有效地减轻监控场景中非重叠视域的不同摄像机所观察到的不同场景的光照条件变化的影响。但这种表示方法的缺点是目标的主要颜色数目及主要颜色在K均值聚类过程中初始集合的设定都会严重影响着这种方法的性能。而且通过在K均值聚类算法获得目标主要颜色的计算量也是很大的。为了克服这些问题，我们修改了MCSHR方法并提出了竞争性主颜色频谱直方图表示（CMCSHR）方法。在我们提出的方法中，为了更有效地计算稳定的主要颜色及确定主要颜色的数目，我们采用了竞争性聚类技术去获得行人目标表观的主要颜色。下面，我们首先简单回顾Madden等人[2]介绍的主颜色频谱直方图表示（MCSHR）方法，然后描述我们提出的竞争性主颜色频谱直方图表示（CMCSHR）方法，最后基于获得的竞争性主要颜色提出了似然性$p(O_{new} \mid \varphi_k)$的计算。

9.2.2.1 主颜色频谱直方图表示（MCSHR）

在Madden等人[2]介绍的主颜色频谱直方图表示（MCSHR）方法中，首先在RGB彩色空间中定义了两个彩色像素之间的距离，然后基于定义的像素之间的颜色距离，利用在线K均值聚类算法，从而获得目标的主要颜色。

假定在目标A中具有M种主要颜色，这些主要颜色可以表示为：

$$MCSHR(A)=\{C_{A_1}, C_{A_2}, \cdots, C_{A_M}\} \tag{9.12}$$

通过归一化主要颜色直方图可计算得到主要颜色的频率，即：

$$p(A)=\{p(A_1), p(A_2), \cdots, p(A_M)\} \tag{9.13}$$

类似地，具有N种主要颜色的目标B可以表示为：

$$MCSHR(B)=\{C_{B_1}, C_{B_2}, \cdots, C_{B_N}\} \tag{9.14}$$

$$p(B)=\{p(B_1), p(B_2), \cdots, p(B_N)\} \tag{9.15}$$

为了定义A和B两个目标之间的相似性，对目标A中的每一种主要颜色C_{A_i}，我们需要在目标B中找出与颜色C_{A_i}最相似的颜色，定义为$C_{B_j|A_i}$，并且这两种颜色之间需要具有较高的相似性，即受约束$d(C_{B_j|A_i}, C_{A_i}) < \lambda$

的限制。为了在目标 B 中获得颜色 $C_{B_j|A_i}$，首先在目标 B 的主要颜色集合 MCSHR（B）中定义一个与颜色 C_{A_i} 之间距离足够近的颜色子集，即：

$$MCSHR'(B)=\{C_{B'_1},\ C_{B'_2},\ \cdots,\ C_{B'_K}\} \tag{9.16}$$

其中 $C_{B'_k}\in$ MCSHR(B) 和 $d(C_{B'_k},\ C_{A_i})<\lambda$，$k=1,\ 2,\ \cdots,\ K$，这里 λ 是一个给定的阈值。颜色子集 $MCSHR'(B)$ 中的主要颜色频率集合为 $\{p(B'_1),\ p(B'_2),\ \cdots,\ p(B'_K)\}$，它是集合 $\{p(B_1),\ p(B_2),\ \cdots,\ p(B_N)\}$ 中的一个子集。最后，在目标 B 中与目标 A 的主要颜色 C_{A_i} 最相似的颜色 $C_{B_j|A_i}$ 就被定义为：

$$C_{B_j|A_i}:\ j=\underset{k=1,\ \cdots,\ K}{\operatorname{argmin}}\{d(C_{B'_K},\ C_{A_i})\} \tag{9.17}$$

该主要颜色 $C_{B_j|A_i}$ 的频率可由下式得到：

$$p(B_j|A_i)=p(B'_j) \tag{9.18}$$

同理，对目标 B 中的每一种主要颜色 C_{B_i}，我们也可以在目标 A 中找出与该主要颜色 C_{B_i} 最相似的颜色 $C_{A_j|B_i}$，其频率为 $p(A_j|B_i)$。

两目标 A 和 B 之间的相似性就可定义为（在由 A 到 B 的方向上）：

$$\begin{aligned}Sim(A,\ B)&=\sum_{i=1}^{M}Sim(C_{A_i},\ C_{B_j|A_i})\\&=\sum_{i=1}^{M}\min\{p(A_i),\ p(B_j|A_i)\}\end{aligned} \tag{9.19}$$

同理，在由 B 到 A 的方向上，两目标 B 和 A 之间的相似性为：

$$\begin{aligned}Sim(B,\ A)&=\sum_{i=1}^{N}Sim(C_{B_i},\ C_{A_j|B_i})\\&=\sum_{i=1}^{N}\min\{p(B_i),\ p(A_j|B_i)\}\end{aligned} \tag{9.20}$$

这里两目标之间的相似性度量，我们采用的是直方图相交方法[20]。由于这种方法不是尺度不变的，所以目标的主要颜色直方图应该被归一化到相同的大小。

9.2.2.2 提出的竞争性主颜色频谱直方图表示（CMCSHR）

在 RGB 颜色空间中，有大约 1.68×107 种颜色。基于如此多可能出现的颜色去比较两个目标之间的相似性是很困难的。虽然 Madden 等人[2]引入了颜色距离，但是基于这个颜色距离的定义，某两种颜色（如红和绿）之间的颜色距离与另两种颜色（如红和蓝）之间的颜色距离可能相同。并且同一个目标在两个非重叠视域摄像机中所观察到的目标图像的亮度差别是两个摄像机中目标图像之间的主要差别。为了使用更有效的表观信息，我们利用色调与饱和度作为特征向量。由于 Madden 等人[2]提出的主颜色频谱直方图表示（MCSHR）方法是基于 K 均值聚类算法而获得目标的主要颜色，然而这种方法的性能很大程度地受到聚类初始化过程中主要颜色初始集合设定的影响。如果我们没有关于这个初始化集合足够多的先验知识，那么如何初始化目标的主要颜色将是这个方法一个很重要的问题。为了能够自动地确定目标的主要颜色的数目，我们提出了基于竞争性学习的主颜色频谱直方图表示（CMCSHR）方法。这一小节的剩余部分将详细介绍我们提出的两个改进。

1. HS-距离。对一个给定的 RGB 彩色空间而言，色调可由 R、G 和 B 三个通道变换得到[15]：

$$H = \arccos \frac{\log(R) - \log(G)}{\log(R) + \log(G) - 2\log(B)} \tag{9.21}$$

饱和度由下式计算得到[21]：

$$S = 1 - \frac{3}{(R + G + B)}[\min(R, G, B)] \tag{9.22}$$

然后我们归一化色调 H 及饱和度 S，类似于 Madden 等人[2]引入的颜色距离，我们引入了基于色调 H 及饱和度 S 的颜色距离，即：

$$d(C_1, C_2) = \frac{\sqrt{(H_1 - H_2)^2 + (S_1 - S_2)^2}}{\sqrt{H_1^2 + S_1^2} + \sqrt{H_2^2 + S_2^2}} \tag{9.23}$$

这里 C_1 和 C_2 分别表示两个像素的色调 H 及饱和度 S 的向量。

2. 竞争性主要颜色。如果类的确切数目没有被合适地设定，那么 K 均值聚类算法[22]将会导致一个很差的聚类性能。在我们的实验中，要事先确定一个目标表观的确切颜色数目是很困难的（几乎是不可能的）。而且，不同的目标一般会有不同的颜色数目。幸运的是，目前有许多聚类算法[23-26]能够自动地选择正确的聚类数目。与其他算法相比较，控制对手惩罚的竞争性学习（RPCCL）聚类算法[23]能够有很快的收敛性。对一个视频监控系统而言，实时性要求是衡量系统优劣的一个重要指标。考虑到这一点，我们运用控制对手惩罚的竞争性学习（RPCCL）聚类算法来对目标表观的颜色进行聚类，从而获得所需要的竞争性主要颜色。下面，我们将详细介绍运用 RPCCL 聚类算法学习竞争性主要颜色的迭代过程（步骤 1 和步骤 2），RPCCL 聚类算法的一个简单介绍也会在附录 A. 1 中给出。

步骤 1：从目标图像中随机地选取 k 个像素作为种子点，记为 $\{m_j\}_{j=1}^{k}$，然后以行为顺序扫描目标图像。对取自于目标图像的每一个像素 $p_i=(p_i^H,\ p_i^S)^T$，这里 p_i^H 和 p_i^S 分别表示像素 p_i 的色调与饱和度值，我们定义算法的作用标记为：

$$I(j|p_i)=\begin{cases}1 & \text{if } j=c(p_i),\\ -1 & \text{if } j=r(p_i),\\ 0 & \text{otherwise},\end{cases} \tag{9.24}$$

其中

$$\begin{aligned}c(p_i)&=\arg\min_j \gamma_j d(p_i,\ m_j)\\ &=\arg\min_j \gamma_j \frac{\sqrt{(p_i^H-m_j^H)^2+(p_i^S-m_j^S)^2}}{\sqrt{(p_i^H)^2+(p_i^S)^2}+\sqrt{(m_j^H)^2+(m_j^S)^2}}\end{aligned} \tag{9.25}$$

$$\begin{aligned}r(p_i)&=\arg\min_{j\neq c(p_i)} \gamma_j d(p_i,\ m_j)\\ &=\arg\min_{j\neq c(p_i)} \gamma_j \frac{\sqrt{(p_i^H-m_j^H)^2+(p_i^S-m_j^S)^2}}{\sqrt{(p_i^H)^2+(p_i^S)^2}+\sqrt{(m_j^H)^2+(m_j^S)^2}}\end{aligned} \tag{9.26}$$

这里 $\gamma_j=\dfrac{n_j}{\sum_{r=1}^{k} n_r}$ 表示种子点 m_j 在过去的相对获胜频率，n_j 是作用标记 $I(j|\ p_i)=1$ 在过去出现的累积数目。

步骤 2：只更新胜利者 m_c（$i.e.$，$I(c|\ p_i)=1$）和它的对手 m_r（$i.e.$，$I(r$

$| p_i) = -1$），更新公式由下式给出：

$$m_u^{new} = m_u^{old} + \Delta m_u,\ u = c,\ r, \tag{9.27}$$

其中

$$\Delta m_c = \alpha_c (p_i - m_c) \tag{9.28}$$

$$\Delta m_r = -\alpha_c p_r(p_i)(p_i - m_r) \tag{9.29}$$

$$p_r(p_i) = \frac{\min(|m_c - m_r|,\ |m_c - p_i|)}{|m_c - m_r|} \tag{9.30}$$

这里 α_c 是学习率。对像素 $p_i = (p_i^H,\ p_i^S)^T$，计算与该像素最近的聚类中心 m_c 并将这个像素标记为该聚类中心 m_c 的标记。由于聚类中心 $\{m_j\}_{j=1}^{k}$ 在聚类过程中是移动的，所以迭代需要一直进行，直到所有的像素被标记并且聚类中心达到稳定为止。我们称通过利用这种聚类算法获得的颜色集合为目标的竞争性主要颜色。

9.3.2.3 似然性计算

在使用控制对手惩罚的竞争性学习（RPCCL）聚类算法学习到竞争性主要颜色之后，我们采用主颜色频谱直方图表示方法中介绍的两目标之间的相似性度量去计算摄像机 C^1 中的目标 O_k 与摄像机 C^2 中的目标 O_{new} 之间的相似性。因而，目标 O_k 和目标 O_{new} 之间的相似性 $\delta_{O_k \to O_{new}}$ 为（在由 O_k 到 O_{new} 的方向上）：

$$\begin{aligned}\delta_{O_k \to O_{new}} &= Sim(O_k,\ O_{new}) \\ &= \sum_{i=1}^{M} Sim(C_{O_{k_i}},\ C_{O_{new_j} | O_{k_i}}) \\ &= \sum_{i=1}^{M} \min\{p(O_{k_i}),\ p(O_{new_j} | O_{k_i})\}\end{aligned} \tag{9.31}$$

其中

$$C_{O_{new_j} | O_{k_i}}:\ j = \arg\min_{n}\{d(C_{O_{new_n}},\ C_{O_{k_i}}) \mid d(C_{O_{new_n}},\ C_{O_{k_i}}) < \lambda\} \tag{9.32}$$

这里 $C_{O_{ki}}$ 和 $p(O_{ki})$ 分别表示目标 O_k 中第 i 种主要颜色和它的频率，$C_{O_{newn}}$ 是目标 O_{new} 中第 n 种主要颜色，$C_{O_{newj} | O_{ki}}$ 表示在给定相似性约束阈值 λ 的情况下，目标 O_{new} 中第 j 种主要颜色与目标 O_k 中第 i 种主要颜色 $C_{O_{ki}}$ 最

相似，$p(O_{newj} \mid O_{ki})$ 是主要颜色 $C_{O_{newj} \mid O_{ki}}$ 的频率。

类似地，在由 O_{new} 到 O_k 的方向上，目标 O_{new} 和目标 O_k 之间的相似性 $\delta_{O_{new} \to O_k}$ 为：

$$\begin{aligned}\delta_{O_{new} \to O_k} &= Sim(O_{new}, O_k) \\ &= \sum_{i=1}^{M} Sim(C_{O_{new_i}}, C_{O_{k_j} \mid O_{new_i}}) \\ &= \sum_{i=1}^{M} \min\{p(O_{new_i}), p(O_{k_j} \mid O_{new_i})\}\end{aligned} \tag{9.33}$$

然后，我们采用 Calderara 等人[19]描述的前向和后向贡献来计算似然性。我们要计算的似然性 $p(O_{new} \mid \varphi_k)$ 是给定假设 φ_k 的情况下，目标 O_{new} 在摄像机 C^2 的进入视域中出现的概率。因此，前向贡献可定义为在由摄像机 C^1 到摄像机 C^2 的方向上，摄像机 C^1 中组成假设 φ_k 的所有行人目标与摄像机 C^2 的进入视域中检测到的新目标 O_{new} 之间的相似性（公式 9.31 所示），即：

$$p_{forward}(O_{new} \mid \varphi_k) \propto \sum_{O_m \in \varphi_k} \delta_{O_m \to O_{new}} \tag{9.34}$$

类似地，后向贡献定义为在由摄像机 C^2 到摄像机 C^1 的方向上，摄像机 C^2 中的目标 O_{new} 与摄像机 C^1 中组成假设 φ_k 的所有行人目标之间的相似性（公式 9.33 所示），即：

$$p_{backward}(O_{new} \mid \varphi_k) \propto \sum_{O_m \in \varphi_k} \delta_{O_{new} \to O_m} \tag{9.35}$$

为了获得一个更准确的目标匹配结果，我们采用 Calderara 等人[19]的策略去计算似然性，即 $p(O_{new} \mid \varphi_k) = \max\{p_{forward}, p_{backward}\}$ 。这样的策略将会获得目标之间一个更准确的相似性结果去实现非重叠视域摄像机之间的行人匹配。

9.2.3 基于最佳图匹配的行人关联在线更新算法

利用提出的贝叶斯模型实现摄像机 C^2 和 C^1 之间的行人关联过程中，如果摄像机 C^2 的进入视域中检测到的新目标 O_{new} 关联于另一个摄像机 C^1

中的一个单个行人目标，那么我们很自然地在摄像机 C^2 和 C^1 的这两个目标之间实现关联。然而，如果摄像机 C^2 的进入视域中检测到的新目标 O_{new} 关联于摄像机 C^1 中的一个组假设，也就是说，目标 O_{new} 是由这个组假设中包含的 $m(m>1)$ 个行人目标在摄像机 C^2 的进入视域中相互遮挡而成，那么目标 O_{new} 就被标记为该组假设中所有的这 m 个行人目标的标记的全体。在这种情况下，我们将在摄像机 C^2 中跟踪目标 O_{new} ，直到它分裂为 $n(n>1)$ 个目标。在实验中，我们使用粒子滤波[27]去实现单个摄像机视点中的目标跟踪。在目标 O_{new} 分裂后，我们通过最佳图匹配（OGM）算法去实现摄像机 C^1 中的这 $m(m>1)$ 个行人目标与摄像机 C^2 中目标 O_{new} 分裂后得到的这 n 个目标之间的关联。图 9.4 给出了运用最佳图匹配（OGM）算法的行人关联在线更新过程。

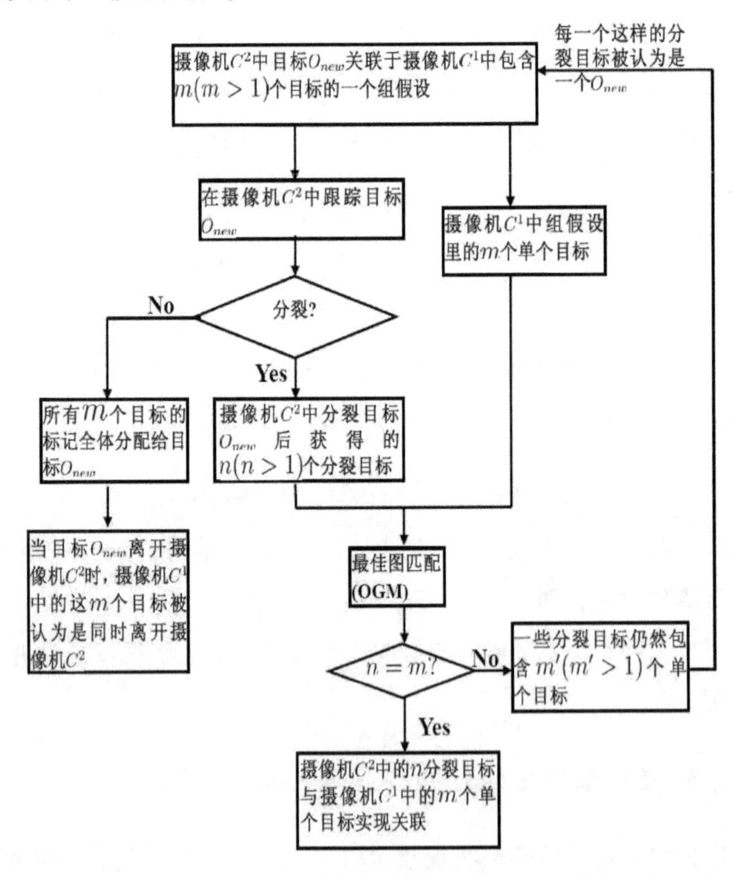

图 9.4　使用最佳图匹配（OGM）的行人关联在线更新的处理过程

在图理论中，最佳图匹配（OGM）是一个经典问题。记 $G = \{X, Y, E\}$ 为一个二分图，这里 $X = \{x_1, x_2, \cdots, x_n\}$ 表示摄像机 C^2 中目标 O_{new} 分裂后获得的 n 个目标的集合，$Y = \{y_1, y_2, \cdots, y_m\}$ 是摄像机 C^1 中与 O_{new} 关联的组假设所包含的 m 个行人目标的集合，$V = X \cup Y$ 是顶点集合，$E = \{e_{ij}\}$ 表示边集合。边 e_{ij} 上的权值 w_{ij} 代表着目标 x_i 和目标 y_j 之间的相似性度量。两个目标之间的相似性是通过我们提出的竞争性主颜色频谱直方图表示（CMCSHR）方法来计算得到。二分图 G 的一个匹配 M 是一个边集合的子集，这个子集具有的属性是子集 M 中没有任何两条边共享着相同的顶点。最佳图匹配（OGM）是去找到具有最大总权值的那个匹配 M[28]。给定一个带权的二分图 G，利用 Kuhn-Munkres 算法[29]能够解决最佳图匹配（OGM）问题。

实际中，目标 O_{new} 的分裂情况有时可能是很复杂的。下面我们进一步讨论两种情况，这两种情况具有相当的挑战性，然后对这些困难问题给出我们的初始解。

情况 1：在目标 O_{new} 分裂为 n 个目标之后，我们将首先检查与组假设相关的这 m 个行人目标是否和分裂后的这 n 个目标相等。如果 $m = n$，那么摄像机 C^2 中的这 n 个分裂目标与摄像机 C^1 中的这 m 个行人目标之间通过最佳图匹配就建立起了关联。

有时，由 m 个行人目标相互遮挡而形成的目标 O_{new} 在摄像机 C^2 的跟踪过程中并不是刚好一次就分裂为确切的 m 个目标，也就是，分裂后 $m < n$。记 $M = \{e_{1j_1}, e_{2j2}, \cdots, e_{nj_n}\}$ 表示在图 $G = \{X, Y, E\}$ 中使用最佳图匹配（OGM）算法获得的匹配的边集合，这里 e_{ij_i} 表示在图 G 中摄像机 C^2 中的分裂目标 x_i 和摄像机 C^1 中的单个行人目标 y_{j_i} 之间的边。记 $Y_1 = \{y_{j1}, y_{j_2}, \cdots, y_{j_n}\}$ 为顶点集合 Y 的子集，它表示运用最佳图匹配在摄像机 C^1 中的组假设所包含的 m 个行人目标的集合中找出的与摄像机 C^2 中的 n 个分裂目标最为匹配的 n 个单个行人目标。这种情况下，摄像机 C^1 的组假设中仍然有 $m - n$ 个单个行人目标没有被匹配，也就是，在摄像机 C^2 中一定还存在一些分裂目标仍然是由多个单个行人目标相互遮挡而成。为了确定目

标 O_{new}分裂后哪些目标仍然还是组目标（多个行人相互遮挡而成的目标），我们提出下面的操作方法：

- 首先，在顶点集合 Y 中删去已经匹配的顶点子集 Y_1，也就是，$Y' = Y - Y_1$，删去顶点子集 Y_1 后，我们得到图 $G' = \{X, Y', E'\}$，这里 E' 是边集合 E 的子集，也是图 G 中删去顶点子集 Y_1 之后所得图 G' 的边集。
- 其次，在图 G' 中，我们选择 $m - n$ 条具有最大权值的边去确定哪些分裂目标仍然还是组目标并将它们重新标记。

上面的操作是基于这样的假设：正确匹配非遮挡目标之间的相似性要大于单个目标与部分遮挡该单个目标的组目标之间的相似性，而且后者的相似性大小又要大于其他匹配情况下的相似性大小。基于这个假设，在摄像机 C^1 中首先匹配的 n 个行人目标就是对应于摄像机 C^2 中分裂后的所有单个目标和组目标中遮挡其他目标的目标。通过在图 G 的顶点集合 Y 中删去这些首先匹配的 n 个顶点子集 Y_1，得到图 G'，接下来在图 G' 中的 $m - n$ 个相似性最高的匹配目标很可能就是组目标中被遮挡的目标。通过以上步骤就能够确定分裂后哪些目标仍然是组目标。由于分裂后的组目标仍然是由多个行人相互遮挡而成，所以我们需要继续使用提出的行人关联在线更新算法去处理分裂后的组目标。

图 9.5 阐明了运用最佳图匹配的目标关联在线更新处理过程的一个虚构的例子。在这个图中，第一次分裂后所得的分裂目标 x_1和 x_2运用最佳图匹配（OGM）算法分别被标记为 1 和 4。由于 n（=2）小于 m（=4），所以一定存在一些分裂目标（这里是 x_1和 x_2）仍然是由多个单个目标相互遮挡而成。然后，我们在图 G 删去已经匹配的顶点子集 $Y_1 = \{y_1, y_4\}$（y_1，y_4这两个顶点已经匹配过），在这个操作之后，我们就有了新图 $G' = \{X, Y', E'\}$。接着我们在图 G' 中选择 m-n（4-2=2）条具有最大权值的边（图中是权值为 0.7 的两条边），并且顶点 x_1和 x_2被重新标记为 {1，2} 和 {3，4}。在第二次分裂之后，n=4 个分裂目标与 m=4 个单个目标之间通过最佳图匹配就建立起了关联。

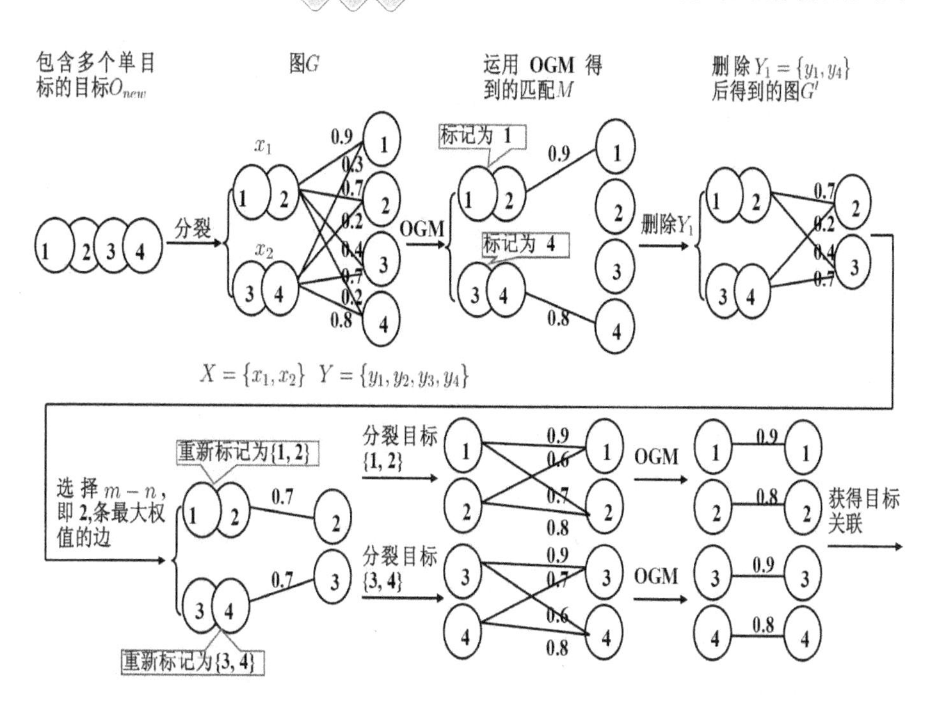

图 9.5　运用最佳图匹配的目标关联在线更新处理过程的一个虚构例子

图 9.6 给出了运用最佳图匹配（OGM）算法的行人关联在线更新的一个实际例子。图 9.6（a）给出的是摄像机 C^2 的进入视域中检测到的目标 O_{new}，运用提出的贝叶斯模型，该目标 O_{new}与摄像机 C^1 的离开视域中检测到的标记为 16 和 17 的两个行人目标［图 9.6（c）所示］组成的假设关联，即 O_{new}被标记为｛16，17｝。图 9.6（b）给出的是摄像机 C^2 中目标 O_{new}分裂为两个目标，然后运用最佳图匹配算法计算得到这两个目标的标记分别为 16 和 17。在这个图中，摄像机 C^1 中组成假设的 m=2 个单个行人目标［图 9.6（c）所示］与摄像机 C^2 中目标 O_{new} 分裂后获得的 n=2 个分裂目标［图 9.6（b）所示］之间实现了关联。图 9.7 和图 9.8 给出了摄像机 C^2 的进入视域中检测到的目标 O_{new} 与摄像机 C^1 中三个单个行人目标组成的假设关联的两个实际例子。图 9.7（a）给出的是摄像机 C^2 的进入视域中检测到的目标 O_{new} 运用贝叶斯模型，该目标 O_{new} 与摄像机 C1 中检测到的三个单个行人目标［图 9.7（d）所示］组成的假设关联。图 9.7（b）给出的是摄像机 C^2 中目标 O_{new} 第一次分裂为两个目标。图 9.7（c）给出

的是经过第二次分裂后，目标 O_{new} 完全分裂为三个目标。图 9.7（e）和（f）给出了运用最佳图匹配的行人关联在线更新算法的处理过程。

情况 2：如果摄像机 C^2 的进入视域中检测到的目标 O_{new} 关联于摄像机 C^1 中由多个单个行人目标组成的一个组假设，并且目标 O_{new} 在摄像机 C^2 的跟踪过程中从不分裂，那么在摄像机 C^2 的整个跟踪过程中，目标 O_{new} 就一直被标记为该组假设中 m 个单个行人目标所有标记的全体。当目标 O_{new} 离开摄像机 C^2 时，摄像机 C^1 中与目标 O_{new} 关联的组假设中的这 m 个单个行人目标被认为是同时离开摄像机 C^2，而且系统保留目标 O_{new} 与这 m 个单个目标形成的组假设相关联的记录。在 O_{new} 离开摄像机 C^2 之后，如果 O_{new} 在摄像机 C^2 和摄像机 C^3 之间分裂并且在摄像机 C^3 的进入视域中检测到某个分裂目标，那么这个分裂目标的假设空间就由与 O_{new} 相关联的 m 个单个目标及摄像机 C^2 的离开视域中检测到的与该分裂目标具有公式 9.2 时间约束的其他目标所形成。图 9.9 给出了摄像机 C^2 的进入视域中检测到的目标 O_{new} 与摄像机 C^1 中三个单个行人目标组成的假设关联的一个例子。图 9.9（a）给出的是运用贝叶斯模型，摄像机 C^2 的进入视域中检测到的目标 O_{new} 与摄像机 C^1 中检测到的三个单个行人目标［图 9.9（d）所示］组成的假设关联。在图 9.9（b）中，第一次分裂后获得了两个分裂目标，运用行人关联在线更新算法分别将两个分裂目标标记为 60 和｛59，61｝。在图 9.9（c）中，标记为｛59，61｝的分裂目标，当它离开摄像机 C^2 时，再也没有分裂。在这种情况下，摄像机 C^1 中标记为 59 和 61 的这两个单个行人目标就被认为是同时离开摄像机 C^2。并且摄像机 C^1 中的这两个单个行人目标就被用于执行摄像机 C^2 和 C^3 之间的行人关联。

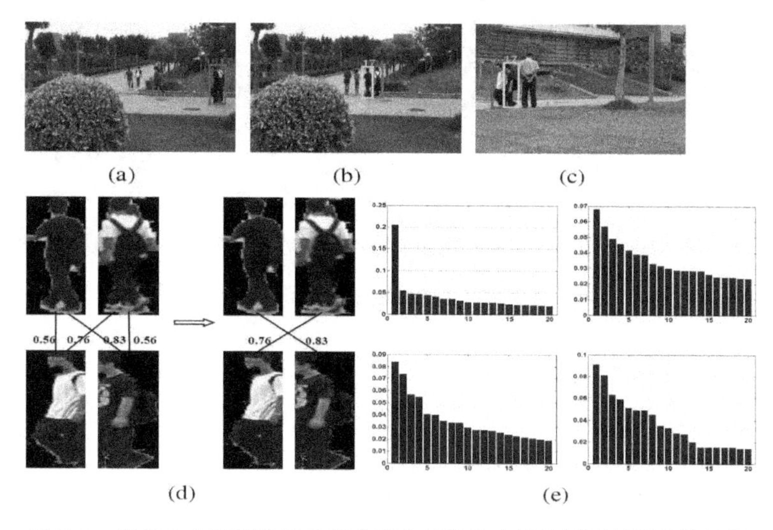

图 9.6　场景 1 中相互遮挡的两个行人目标的在线关联更新及计算过程

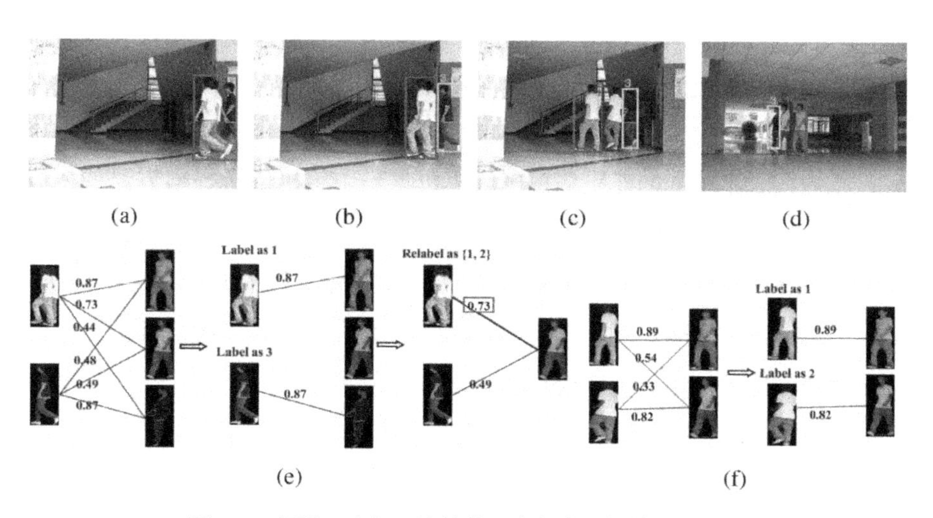

图 9.7　场景 2 中相互遮挡的三个行人目标的在线关联

更新及计算过程，三个目标最终完全分裂

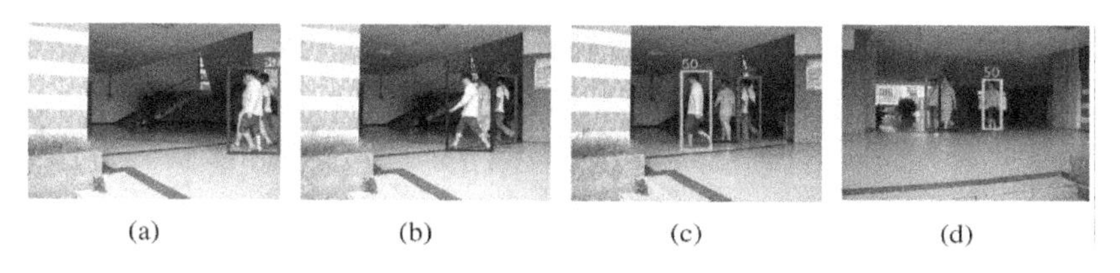

图 9.8　场景 2 中相互遮挡的三个行人目标的在线关联

更新的另一个例子，三个目标最终完全分裂

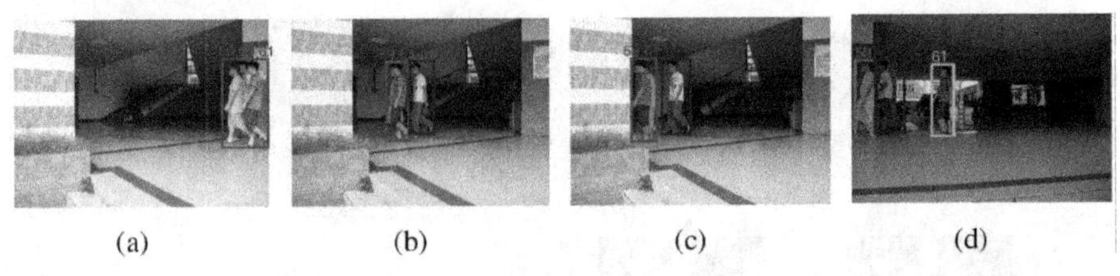

(a) (b) (c) (d)

图 9.9 相互遮挡的三个行人目标的在线关联更新过程，由这三个行人相互遮挡而成的目标在摄像机 C^2 的跟踪过程中没有完全分裂

9.3 实验结果与分析

9.3.1 实验设计

我们在三个不同的非重叠视域摄像机场景中给出了所提出方法的实验结果。在每一个实验中，单个摄像机的目标检测是基于 Stauffer 和 Grimson[8]提出的背景减除方法，单个摄像机的目标跟踪是基于 Hue 等人[27]描述的粒子滤波方法。在训练阶段，利用已知的摄像机之间的行人关联去计算时空关系特征（两个摄像机之间的距离及行人经过这个距离的时间间隔分布）。在测试阶段，运用提出的方法计算摄像机之间的行人关联。

根据摄像机之间的距离、场景光照条件及环境设置（包括室内和室外环境）的不同，给出了三个相互不同的非重叠视域摄像机场景。在场景 1 中，摄像机之间的距离比较大，而在场景 3 中，两个摄像机中的光照条件非常的不同。下面将对三个场景分别进行详细介绍，表 9.2 给出了它们的一个简单概括。

表 9.2 三个不同场景条件的一个简单概括

	两摄像机之间的距离（米）	Tmin（秒）	Tmax（秒）	总的转移数目（#）
场景 1	40	25	45	36
场景 2	23	16	21	62
场景 3	23	16	21	39

场景 1：场景 1 中的实验设计是将两个摄像机 C^1 和 C^2 放置在室外环境下。图 9.10（a）给出了这个场景下两个摄像机的拓扑结构。训练是在 30 分钟的视频序列中进行的。两个摄像机被放置大约相距 40 米。图 9.10（b）给出了行人以正常的速度步行离开摄像机 C^1 到进入摄像机 C^2 的时间间隔分布。它表明行人离开摄像机 C^1 到进入摄像机 C^2 的时间间隔在 25 秒和 45 秒之间，并且大部分行人步行只需花 35 秒左右就能够穿过这个距离。图 9.11 给出了场景 1 中测试视频序列中的一些行人关联例子。图中的第一列是摄像机 C^2 的进入视域中检测到的行人目标，而第二列是摄像机 C^1 中检测到的相关联的行人目标。在测试阶段，总共记录了 36 个行人经过这两个摄像机。

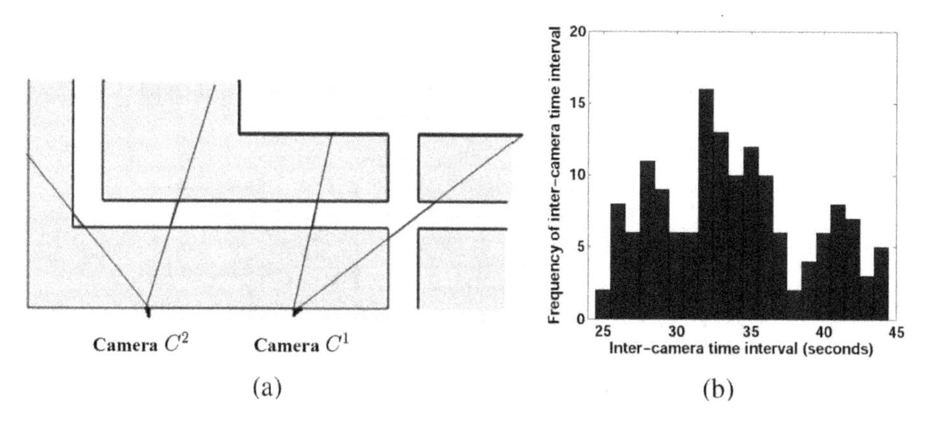

图 9.10 （a）场景 1 中的两个摄像机布置（b）摄像机之间时间间隔分布直方图

图 9.11　场景 1 中测试序列的一些实例及行人关联结果

场景 2：图 9.12 给出的实验设计包含两个摄像机，即摄像机 C^1 和摄像机 C^2。一个 24 分钟的视频序列用于训练。在这个场景（场景 2）中，两个摄像机被放置大约相距 23 米。行人离开摄像机 C^1 到进入摄像机 C^2 的时间间隔在 16 秒和 21 秒之间，并且大部分行人步行只需花 18 秒左右就能够穿过这个距离。图 9.13 给出了场景 2 中测试视频序列中的一些行人关联实例。图中的第一行是摄像机 C^2 的进入视域中检测到的行人目标，而第二行是摄像机 C^1 中检测到的相关联的行人目标。在测试阶段，总共检测到 46 个行人经过两个摄像机。在不同的时间，我们获取了另一个测试序列。图 9.8 给出的例子就来源于这个测试序列。在这个测试序列中，总共检测到 16 个行人经过这两个摄像机。因此，这个场景中，两个测试序列总共有 62 个行人经过这两个摄像机。

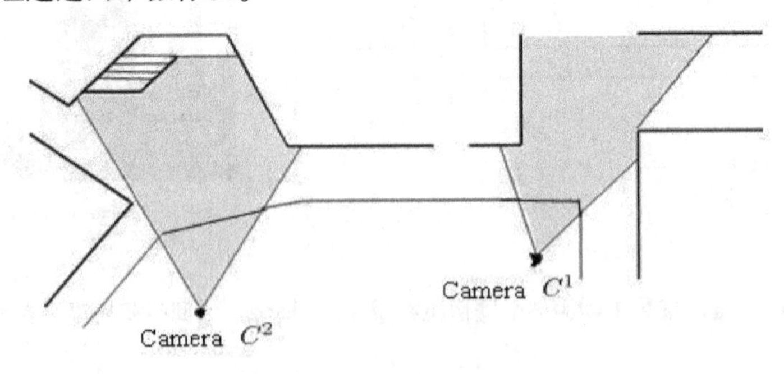

图 9.12　场景 2 中的两个摄像机布置

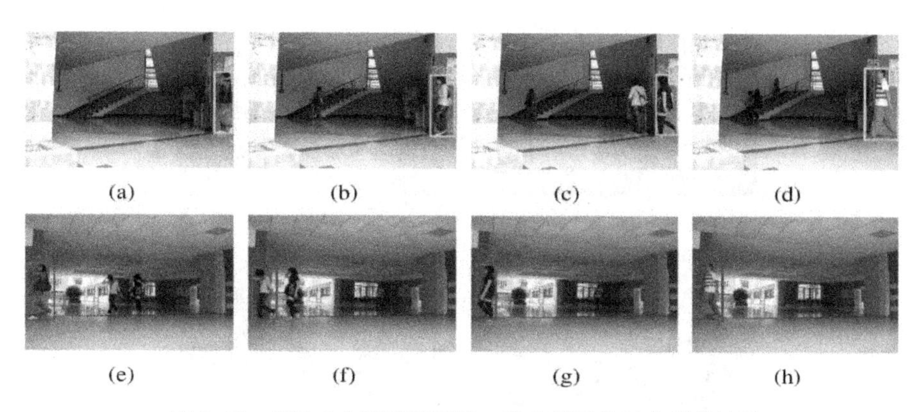

图 9.13 场景 2 中测试序列的一些实例及其行人关联结果

场景3：场景 3 中的实验设计是将两个摄像机 C^1 和 C^2 分别放置在室内和室外环境。摄像机 C^1 被放置在室外而摄像机 C^2 被放置在室内。图 9.14 给出了两个摄像机的布置及它们的视域。摄像机 C^1 观察的场景是一个大厅，而摄像机 C^2 监控的区域非常暗（如图 9.15 所示）。图 9.15 的第一列来源于摄像机 C^2，第二列来源于摄像机 C^1。从图 9.15 中，我们能够看见两个摄像机监控的两个场景之间的光照条件非常地不同。一个 25 分钟的视频序列用于训练。在这个场景中，两个摄像机被放置大约相距 23 米。行人步行离开摄像机 C^1 到进入摄像机 C^2 的时间间隔在 16 秒和 21 秒之间，并且大部分行人步行只需花 18 秒左右就能够穿过这个距离。图 9.15 给出了场景 3 中测试视频序列中的一些行人关联实例。从图 9.15 中，我们看见穿着相同颜色衣服的两个人在摄像机 C^1 和摄像机 C^2 之间实现了正确的关联。在测试阶段，总共检测到 39 个行人经过场景 3 中的这两个摄像机。

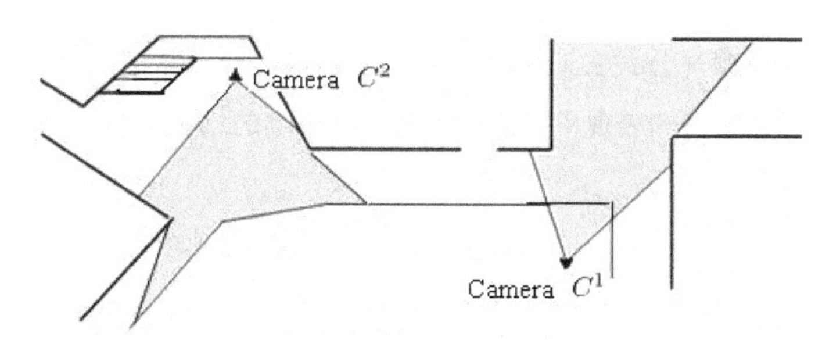

图 9.14 场景 3 的摄像机布置，这是一个室内/室外场景

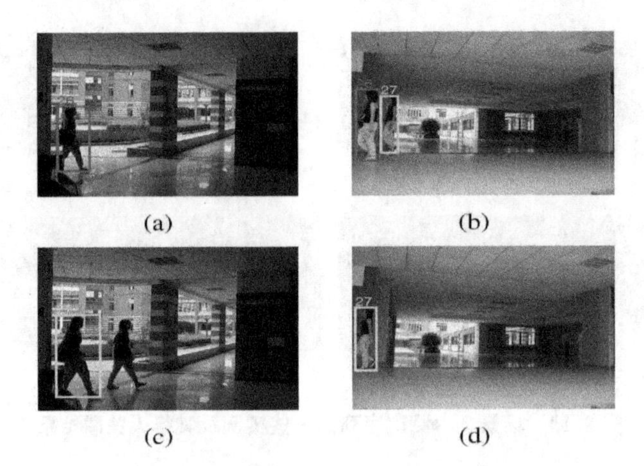

(a) (b) (c) (d)

图 9.15　场景 3 中测试序列的一些实例及其行人关联

9.3.2　实验结果

9.3.2.1　贝叶斯模型的评价

在对不同测试序列的分析中，摄像机之间的所有行人转移都经过了人工标注以获得正确的行人关联结果。在测试阶段，通过对这三个实际场景的测试视频序列进行测试，表 9.3 给出了提出的贝叶斯模型的实验结果。图 9.16 给出了这些结果的一个形象化概括。此外，我们分析了这个贝叶斯模型中不同成分的影响，即时空关系模型、基于竞争性主颜色频谱直方图表示（CMCSHR）的表观模型及组合时空关系模型和表观模型的贝叶斯模型。如图 9.16 所示，我们比较（1）只使用时空关系模型，（2）只使用基于竞争性主颜色频谱直方图表示（CMCSHR）的表观模型及（3）使用提出的贝叶斯模型（公式 9.3 给出）。实验结果表明在所有三个场景中使用组合时空关系模型和表观模型的贝叶斯模型得到的结果都要好于只使用单个成分的结果。

表 9.3　三个场景中贝叶斯模型的实验结果

	总的转移数目（#）	正确关联数目（#）	关联准确率（%）
场景 1	36	32	88.89%

续表

	总的转移数目（#）	正确关联数目（#）	关联准确率（%）
场景 2	62	57	91.94%
场景 3	39	34	87.18%

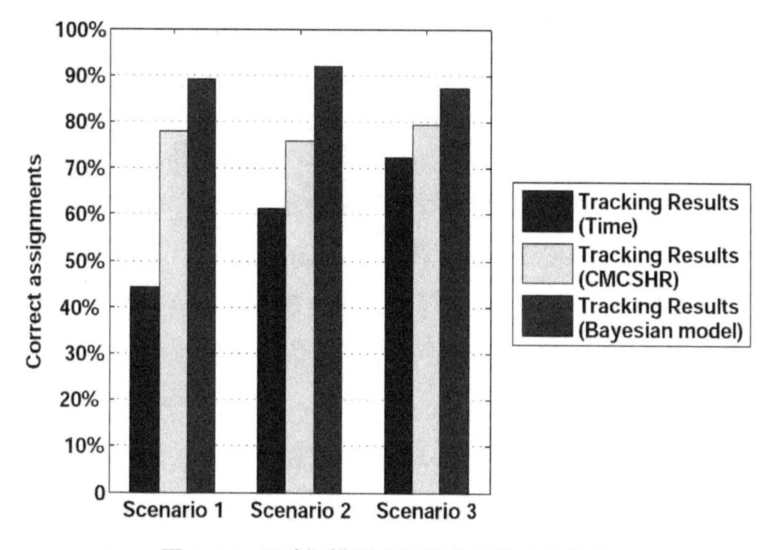

图 9.16 贝叶斯模型中不同成分影响的评价

在提出的贝叶斯模型中，行人关联是指摄像机 C^2 的进入视域中检测到的目标 O_{new} 与摄像机 C^1 的离开视域中检测到的具有公式 9.2 时间约束的 N 个潜在关联行人目标的子集进行关联。然而，如果一个行人以异常的速度经过两个摄像机，例如奔跑或者以一个很慢的速度步行，那么此时的行人关联操作将会失败。图 9.17 给出了两个摄像机之间不正确的行人关联的一个例子，在这个例子中，一个行人奔跑着经过两个摄像机。

我们进一步通过用 CMCSHR 和 MCSHR 及 CBTF 的比较来评价提出的竞争性主颜色频谱直方图表示（CMCSHR）方法。实验是在像机 C^2 的进入视域中检测到的目标与摄像机 C^1 的离开视域中检测到的目标在公式 9.2 的时间约束条件下进行的。

(a) (b)

图 9.17 摄像机之间不正确的行人关联的一个例子

CMCSHR 与 MCSHR 的比较为了说明提出的竞争性主颜色频谱直方图表示（CMCSHR）方法要优于主颜色频谱直方图表示（MCSHR）方法，图 9.18 给出了只使用 CMCSHR 和只使用 MCSHR 之间的比较结果。实验结果表明 CMCSHR 获得了大约 6%的行人关联准确率的提高。为了说明使用色调（H）与饱和度（S）作为特征及使用竞争性聚类技术（RPCCL）要优于使用 RGB 特征和 K 均值聚类技术（Kmeans），我们在所有三个场景中比较 RGB/HS+Kmeans 和 RGB/HS+RPCCL 方法。如图 9.19 所示，CMCSHR（HS+RPCCL）的结果最好，这意味着使用色调与饱知度作为特征能够减小目标表观变化的影响以及使用 RPCCL 聚类算法能够更有效地估计目标的主要颜色数目。

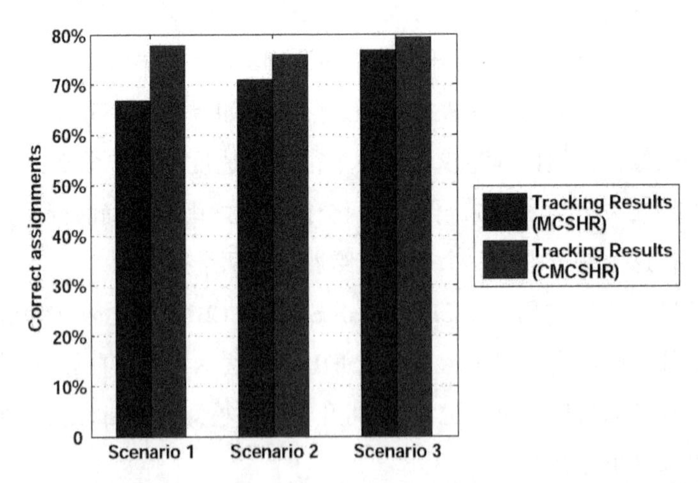

图 9.18 行人关联准确率：CMCSHR 方法和 MCSHR 方法之间的比较结果

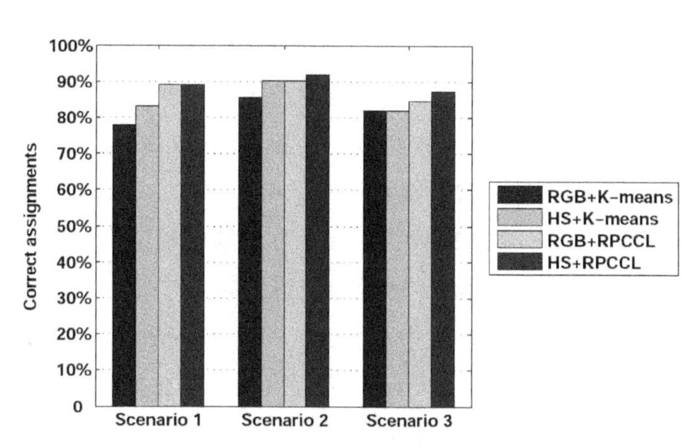

图 9.19 行人关联准确率：在贝叶斯模型框架内 RGB/HS+Kmeans 和 RGB/HS+RPCCL 之间的比较结果

CMCSHR 与 CBTF 的比较为了表明提出的 CMCSHR 方法的有效性，我们将 CMCSHR 方法与累积亮度转移函数（CBTF）方法[7]进行比较。在 Prosser 等人[7]提出的方法中，不是计算每一对训练目标的一个亮度转移函数（BTF），而是对整个训练集合的目标进行亮度值的累积，然后再计算摄像机之间的累积亮度转移函数（CBTF）。图 9.20 给出了在所有三个场景中相比较于 CBTF 方法，CMCSHR 方法获得了一个大约 7%的准确率的提高。

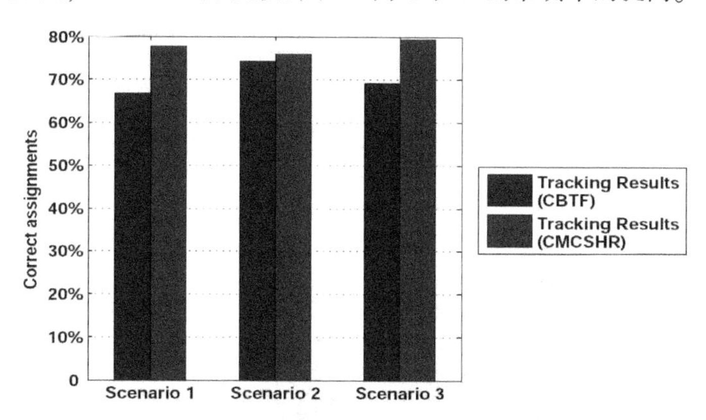

图 9.20 CMCSHR 方法与 CBTF 方法之间跟踪准确率的比较结果

9.3.2.2 贝叶斯模型与 Javed 模型

为了表明我们提出的组合时空关系模型与表观模型得到的贝叶斯模型在实现非重叠视域摄像机之间的行人关联上更有效，我们将贝叶斯模型方法与最相关的工作即 Javed 模型方法[6]进行比较。在 Javed 等人[6]提出的方法中，使用亮度转移函数（BTFs）整合时空关系和表观信息从而实现摄像机之间的行人关联，这一点与我们的方法类似。图 9.21 给出了在我们的三个实际场景中摄像机 C^1 的离开视域和摄像机 C^2 的进入视域之间获取的亮度转移函数（BTFs）。图 9.22 给出了两个方法的比较结果。比较结果清楚地表明我们提出的贝叶斯模型方法效果更好。除此之外，我们的方法还能够处理在摄像机 C^2 的进入视域中发生的行人相互遮挡情况时的关联，对于这一点，后面会有详细介绍。Javed 等人提出的方法在实现摄像机之间的行人关联操作之前需要将目标准确地分割为单个的行人。例如，当摄像机 C^2 的进入视域中检测到的目标是由两个行人相互遮挡而成时，运用我们提出的贝叶斯模型方法，这个目标能够正确地关联于摄像机 C^1 的离开视域中检测到的两个单个行人形成的一个组假设。然而，在这种情况下，Javed 等人提出的方法就不能够在摄像机 C^2 的进入视域中检测到的目标与摄像机 C1 中的两个行人之间实现关联。

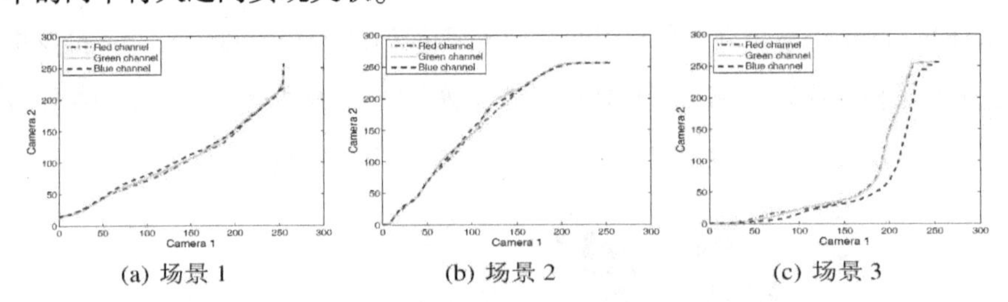

(a) 场景 1　　(b) 场景 2　　(c) 场景 3

图 9.21　三个场景中获取的三个颜色通道上的亮度转移函数（BTFs）

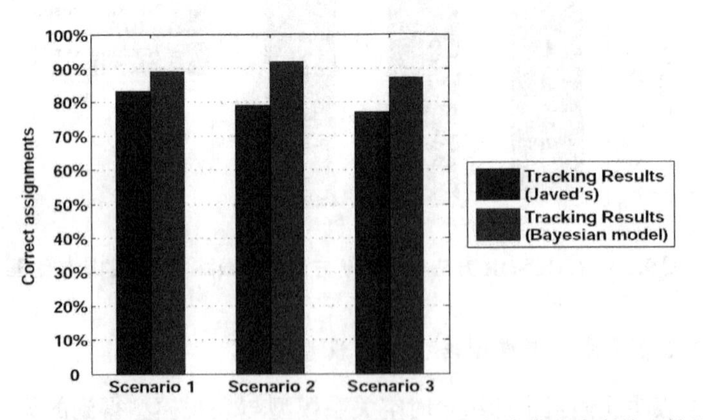

图 9.22　贝叶斯模型方法与 Javed 模型方法之间行人关联准确率的比较结果

9.3.2.3 遮挡情况发生时的行人关联与识别

理论上来说，我们提出的贝叶斯模型方法能够处理摄像机 C^2 的进入视域中发生的行人相互遮挡的情况。在公式 9.3 中，利用一个最大后验概率（MAP）估计去找出与目标 O_{new} 最可能关联的假设 ϕ_i。当摄像机 C^2 的进入视域中检测到的目标 O_{new} 是由两个或多个行人相互遮挡而成时，根据先验概率和似然性的计算，构成目标 O_{new} 的所有这些行人形成的假设就应该具有更高的先验概率和似然性。因此，这个假设就是最可能的假设。为了说明提出的贝叶斯模型方法能够处理遮挡情况，我们进行了这样一个实验：两个行人几乎同时进入摄像机 C^2 的进入视域并且一个行人被另一个行人遮挡。表 9.4 给出了所有三个实际场景中行人遮挡具有不同遮挡百分比时的实验结果。在这个表中，摄像机之间的正确关联被定义为摄像机 C^2 的进入视域中检测到的由两个行人相互遮挡而成的目标能够正确地关联于摄像机 C^1 中这两个行人所形成的假设，也就是说，检测到的目标确切地是由这个假设中的两个行人相互遮挡而成，这里不同的遮挡百分比是通过人工估计的。实验结果表明对不同的遮挡百分比，提出的贝叶斯模型几乎能得到相同的结果。图 9.23 给出了遮挡情况下一些正确关联的实例。图 9.23（a）给出的是在场景 2 中运用贝叶斯模型，摄像机 C^2 的进入视域中检测到的目标与摄像机 C^1 中检测到的两个单个行人目标［图 9.23（b）所示］组成的假设关联。图 9.23（c）和（d）给出的是场景 3 中摄像机 C^2 和摄像机 C^1 之间遮挡发生时的行人关联。但如果在摄像机 C^2 的进入视域中检测到的目标是由一个行人完全遮挡另一个行人而成，那么遮挡的单个行人形成的假设具有更高的后验概率，而不是两个人形成的假设。图 9.24 给出了一个完全遮挡情况时的例子。在这个图中，摄像机 C^2 的进入视域中标记为 36 的行人被标记为 35 的行人完全遮挡。实验结果表明摄像机 C^2 的进入视域中检测到的目标不正确地关联于标记为 35 的行人，而该目标本应该关联于由标记 35 和 36 两个行人所形成的假设。

表 9.4　不同遮挡百分比时的行人关联准确性

身体被遮挡部分的百分比	总的数目	正确关联数目	关联准确率（%）
10%被遮挡	9	8	88.9%
20%被遮挡	10	10	100%
30%被遮挡	10	9	90%
40%被遮挡	8	8	100%
50%被遮挡	8	7	87.5%
60%被遮挡	7	7	100%
70%被遮挡	7	7	100%
80%被遮挡	8	8	100%
90%被遮挡	9	8	88.9%
完全被遮挡	1	0	0

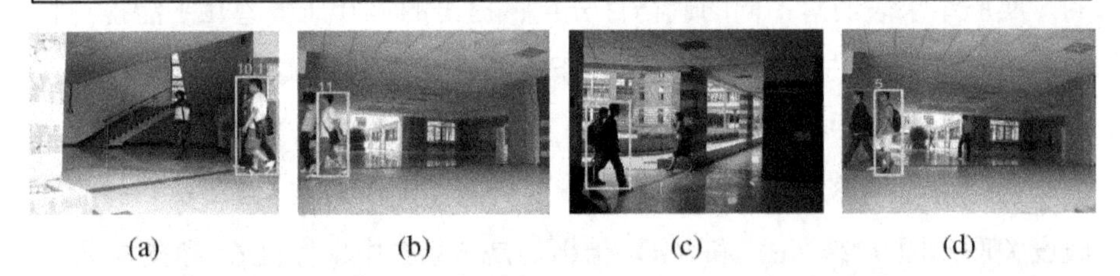

(a)　(b)　(c)　(d)

图 9.23　遮挡情况时场景 2 和场景 3 中正确关联的两个实例

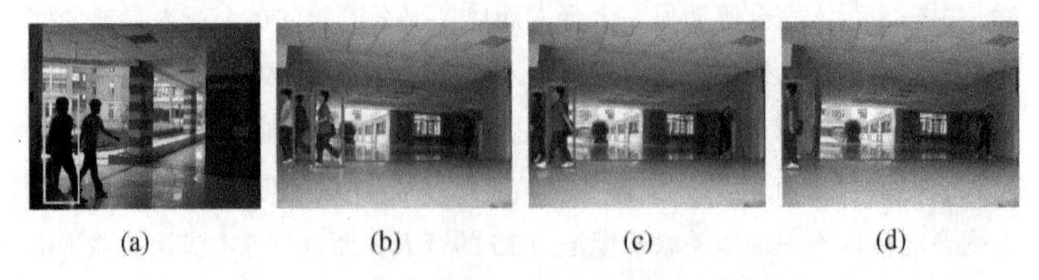

(a)　(b)　(c)　(d)

图 9.24　完全遮挡发生时不正确关联的一个例子

9.4 本章小结

本章提出了一个贝叶斯模型去解决非重叠视域摄像机之间的行人关联与识别问题。为了构造贝叶斯模型，我们首先运用摄像机之间的时空关系信息建立一个时空关系模型以及根据目标的视觉表观信息建立一个表观模型，然后组合时空关系模型和表观模型建立我们的贝叶斯模型。我们提出的贝叶斯模型不需要估计每一个行人目标的行走轨迹，而且还能够解决行人之间的相互遮挡问题。考虑到行人的表观特征受光照变化的影响较大，我们提出的表观模型是基于竞争性主颜色频谱直方图表示（CMCSHR）方法。该方法能有效减轻摄像机之间光照变化的影响。对遮挡问题，我们进一步提出了运用最佳图（OGM）算法的行人关联在线更新算法去实现摄像机之间的行人关联与识别。在三个不同实际场景中的实验结果验证了提出方法的有效性。

参考文献

[1] Wang X, Ma X, Grimson W. Unsupervised Activity Perception in Crowded and Complicated Scenes Using Hierarchical Bayesian Models. IEEE Transactions on Pattern Analysis and Machine Intelligence, 2009, 31 (3): 539-555.

[2] Madden C, Cheng E D, Piccardi M. Tracking People across Disjoint Camera Views by an Illumination-tolerant Appearance Representation. Machine Vision and Ap-plications, 2007, 18: 233-247.

[3] Cheng E D, Piccardi M. Disjoint Track Matching based on a Major Color Spectrum Histogram Representation. Optical Engineering, 2007, 46 (4): 1-14 (047201).

[4] Gilbert A, Bowden R. Tracking Objects across Cameras by Incrementally

Learning Inter－camera Colour Calibration and Patterns of Activity. Proceedings of European Conference on Computer Vision, 2006. 125－136.

[5] Javed O, Shafique K, Shah M. Appearance Modeling for Tracking in Multiple Non－overlapping Cameras. Proceedings of IEEE Conference on Computer Vision and Pattern Recognition, 2005. 26－33.

[6] Javed O, Shafique K, Rasheed Z, et al. Modeling Inter－camera Space－time and Appearance Relationships for Tracking across Non－overlapping Views. Computer Vision and Image Understanding, 2008, 109: 146－162.

[7] Prosser B, Gong S, Xiang T. Multi－camera Matching using Bi－directional Cumulative Brightness Transfer Functions. Proceedings of British Machine Vision Conference, 2008.

[8] Stauffer C, Grimson W E L. Learning Patterns of Activity Using Real－Time Tracking. IEEE Transactions on Pattern Analysis and Machine Intelligence, 2000, 22 (8): 747－757.

[9] Calderara S, Cucchiara R, Prati A. Bayesian－competitive Consistent Labeling for People Surveillance. IEEE Trans. on Pattern Analysis and Machine Intelligence, 2008, 30 (2): 354－360.

[10] Jeong K, Jaynes C. Object Matching in Disjoint Cameras using a Color Transfer Approach. Machine Vision and Application, 2008, 19: 443－455.

[11] Makris D, Ellis T, Black J. Bridging the Gaps between Cameras. Proceedings of IEEE Conference on Computer Vision and Pattern Recognition, 2004. 205－210.

[12] Rahimi A, Darrell T. Simultaneous Calibration and Tracking with a Network of Non－overlapping Sensors. Proceedings of IEEE Conf. on Computer Vision and Pattern Recognition, 2004. 187－194.

[13] Kettnaker V, Zabih R. Bayesian Multi－camera Surveillance. Proceedings of IEEE Conference on Computer Vision and Pattern Recognition, 1999. 252－259.

[14] Wang X, Doretto G, Sebastian T, et al. Shape and Appearance Context

Modeling. Proceedings of International Conference on Computer Vision, 2007. 1-8.

[15] Gheissari N, Sebastian T, Hartley R. Person Reidentification Using Spatio-temporal Appearance. Proceedings of Computer Vision and Pattern Recognition, 2006. 1528-1535.

[16] Gray D, Tao H. Viewpoint Invariant Pedestrian Recognition with an Ensemble of Localized Features. Proceedings of European Conference on Computer Vision, 2008. 262-275.

[17] Zheng W S, Gong S, Xiang T. Associating Groups of People. Proceedings of British Machine Vision Conference, 2009.

[18] Chen K, Lai C, Hung Y, et al. An Adaptive Learning Method for Target Tracking across Multiple Cameras. Proceedings of IEEE Conference on Computer Vision and Pattern Recognition, 2008. 1-8.

[19] Calderara S, Prati A, Cucchiara R. HECOL: Homography and Epipolar-based Consistent Labeling for Outdoor Park Surveillance. Computer Vision and Image Understanding, 2008, 111: 21-42.

[20] Swain M J, Ballard D H. Indexing via Color Histograms. Proceedings of Interna-tional Conference on Computer Vision, 1990. 390-393.

[21] Gonzalez R C, Woods R E, (eds.). Digital Image Processing (2nd Edition). Addison - Wesley Longman Publishing Co., Inc., Boston, MA, 1992.

[22] Forgy E. Cluster Analysis of Multivariate Data: Efficiency versus Interpretability of Classifications. Biometrics, 1965, 21: 768-780.

[23] Cheung Y M. Rival Penalization Controlled Competitive Learning for Data Clus-tering with Unknown Cluster Number. Proceedings of the 9th International Con-ference on Neural Information Processing, 2002. 467-471.

[24] Tzortzis G, Likas A. The Global Kernel K-means Clustering Algorithm. Proceedings of IEEE International Joint Conference Neural Networks, 2008. 1977-1984.

[25] Zhang Y, Liu Z. Self-splitting Competitive Learning: a New On-line Clustering Paradigm. IEEE Trans. on Neural Networks, 2002, 13 (2): 369-380.

[26] Likas A, Vlassis N, Verbeek J J. The Global K-means Clustering Algorithm. Pattern Recognition, 2003, 36 (2): 451-461.

[27] Hue C, Cadre J L, Prez P. Sequential Monte Carlo Methods for Multiple Target Tracking and Data Fusion. IEEE Transactions on Signal Processing, 2002, 50 (2): 309-325.

[28] Wan X J, Peng Y X. A New Retrieval Model based on TextTiling for Document Similarity Search. Journal of Computer Science & Technology, 2005, 20 (4): 552-558.

[29] Lovasz L, Plummer M D. Matching Theory. Amsterdam: North Holland, 1986.

A.1. RPCCL 算法简介

RPCCL 算法[23]的基本思想是：对每一个输入样本，不仅仅是获胜的种子点需要更新，而且离获胜种子点最接近的对手，即第二个获胜者，要得到惩罚。在惩罚的机制里，如果这个对手与获胜者之间的距离比输入样本与获胜者之间的距离还要小，那么这个惩罚应该是完全的。这个惩罚强度是随着对手到获胜者之间距离的增加而减小。距离采用欧氏距离的这个算法描述如下：

步骤 1：从数据集 $D=\{x_t\}_{t=1}^{N}$ 中随机地选取 k 个样本作为种子点，记为 $\{m_j\}_{j=1}^{k}$，对每一个样本 x_t，记

$$I(j|x_t)=\begin{cases}1 & \text{if } j=c(x_t),\\ -1 & \text{if } j=r(x_t),\\ 0 & \text{otherwise},\end{cases}$$

其中

$$c(x_t)=\underset{j}{\arg\min}\,\gamma_j\ \|x_t-m_j\|^2$$

$$r(x_t)=\underset{j\neq c(x_t)}{\arg\min}\,\gamma_j\ \|x_t-m_j\|^2$$

这里 $\gamma_j = \frac{n_j}{\sum_{r=1}^{k} n_r}$ 表示种子点 m_j 在过去的相对获胜频率，n_j 是作用标记 $I(j \mid p_i) = 1$ 在过去发生的累积数目。

步骤 2：由下式只更新获胜者 $m_c(i.e.,\ I(c \mid x_t) = 1)$ 和它的对手 m_r，即：

$$m_u^{new} = m_u^{old} + \Delta m_u,\ u = c,\ r,$$

其中

$$\Delta m_c = \alpha_c (x_t - m_c)$$

$$\Delta m_r = -\alpha_c p_r(x_t)(x_t - m_r)$$

这里 α_c 是学习率。对每一个输入样本，重复以上两步直到 $I(j \mid x_t)$ 收敛。对手惩罚强度的量度由下式给出：

$$p_r(x_t) = \frac{\min(|m_c - m_r|,\ |m_c - x_t|)}{|m_c - m_r|}$$

RPCCL 算法通过惩罚对手使得多余的种子点被自动地从输入数据集中排除。